Hans Weinrichter / Franz Hlawatsch

Stochastische Grundlagen nachrichtentechnischer Signale

Springer-Verlag Wien New York

Univ.-Prof. Dipl.-Ing. Dr. techn. Hans Weinrichter
Univ.-Ass. Dipl.-Ing. Dr. techn. Franz Hlawatsch
Institut für Nachrichtentechnik und Hochfrequenztechnik, Technische Universität Wien

Mit 61 Abbildungen

Gedruckt auf säurefreiem Papier

Die Deutsche Bibliothek – CIP-Einheitsaufnahme

Weinrichter, Hans:
Stochastische Grundlagen nachrichtentechnischer Signale / Hans Weinrichter ; Franz Hlawatsch. – Wien ; New York : Springer, 1991
   ISBN-13:978-3-211-82303-3

NE: Hlawatsch, Franz

ISBN-13:978-3-211-82303-3   e-ISBN-13:978-3-7091-9177-4
DOI: 10.1007/978-3-7091-9177-4

VORWORT

Dieses Buch ist aus einer Vorlesung über "Grundlagen nachrichtentechnischer Signale" entstanden, die für Studenten des Studienzweiges Nachrichtentechnik der Studienrichtung Elektrotechnik an der Technischen Universität Wien im 6.Semester gehalten wird. Diese Vorlesung gibt eine Einführung in die Theorie der statistischen Signalbeschreibung mit spezieller Betonung von Aspekten der digitalen Nachrichtenübertragungstechnik. Diese Theorie ist eine wesentliche Grundlage für alle modernen Verfahren der Übertragungstechnik.

Das vorliegende Buch soll vor allem die Grundlagen der statistischen Nachrichtentechnik bereitstellen. Bei der Aufbereitung des Stoffes wurde auf größtmögliche Anschaulichkeit und Lesbarkeit Wert gelegt. Die Beschreibung der angesprochenen Sachverhalte wurde so weit formalisiert, daß dem Leser ein tieferes Eindringen in weiterführende Spezialliteratur ohne Probleme möglich sein sollte.

Im ersten Kapitel wird der Begriff eines nachrichtentechnischen Signals und seiner Beschreibungsmöglichkeiten kurz erläutert. Das zweite Kapitel geht speziell auf den Aspekt der Zufälligkeit und Unbestimmtheit nachrichtentechnischer Signale ein. Insbesondere wird dabei die Wahrscheinlichkeitstheorie als mathematisches Modell in ihrer praktischen Anwendung auf die fundamentalen Probleme bei der Nachrichtenübertragung eingeführt und diskutiert. Dabei werden die verschiedenen Optimierungskriterien eines Maximum-Likelihood- bzw. Maximum-Aposteriori-Empfängers erläutert. Der Begriff der Information und seine Anwendung auf Quellencodierung und Kanalkapazität werden an Hand einfacher Beispiele eingeführt und erklärt.

Das 3. Kapitel führt den Begriff der Zufallsvariablen und ihrer Beschreibung durch Verteilungsfunktion, Wahrscheinlichkeitsdichte und Erwartungswerte ein. Wichtige spezielle Verteilungen werden vorgestellt und ihre Bedeutung in der Nachrichtentechnik wird diskutiert.

Im 4. Kapitel werden die Grundgedanken der Schätzung von Parametern von Verteilungsfunktionen erläutert. Charakteristische Eigenschaften von Schätzern, wie Bias und Varianz, werden erklärt.

Das 5. Kapitel befaßt sich schließlich mit stochastischen Prozessen, die in der modernen Nachrichtentechnik zur Modellierung sowohl von Nutzsignalen als auch von Störungen verwendet werden. Nach einer kurzen Einführung in die Begriffswelt der stochastischen Prozesse werden die wichtigsten Beschreibungsmöglichkeiten wie AKF, Leistungsdichtespektrum, etc. ausführlich diskutiert. Spezielle stochastische Prozesse, wie amplitudenmodulierte Datensignale und Markoff-Ketten werden vorgestellt und ihre mathematische Beschreibung wird demonstriert. Ein eigener Abschnitt widmet sich den Zeitmittelwerten und dem Begriff der Ergodizität. Danach werden das thermische Widerstandsrauschen und seine analytische Behandlung in elektrischen Netzwerken diskutiert.

Ein weiterer Abschnitt behandelt noch binäre Pseudozufallsfolgen, die in der Praxis eine immer größere Rolle spielen. Schließlich wird die Anwendung des Konzepts stochastischer Prozesse auf den Entwurf von Systemen zur Signalverarbeitung anhand eines einfachen Beispiels (jenes des linearen Prädiktors) diskutiert.

Abschließend möchten wir noch Herrn Prof. Dr. Wolfgang Mecklenbräuker und Herrn Prof. Dr. Günther Kraus für wertvolle Hinweise danken. Herrn Dipl.-Ing. Rüdiger Urbanke danken wir für die Erstellung der Bilder und des Layouts für dieses Buch.

Wien, Juni 1991

        F.Hlawatsch   H.Weinrichter

INHALT

1. SIGNALE

1.1 Signal und Information

Ein *Signal* ist eine veränderliche Größe (gewöhnlich eine Funktion der Zeit). Es enthält im allgemeinen in irgendeiner Form *Information*: das Signal ist also Träger der Information. Signale dienen zur Übertragung, Verarbeitung und Speicherung von Information.

Die *physikalische Dimension* des Signals (z.B. Schalldruck, elektrische Spannung oder Lichtintensität) ist für unsere Betrachtungen unerheblich. Beachte, daß sich die physikalische Größe umwandeln läßt (z.B. Mikrofon: Schalldruck → elektr. Spannung).

Ein Beispiel: Am Ort A wird ein Würfel fünfmal hintereinander geworfen, dabei ergibt sich die Augenzahlenfolge 3,5,5,2,1. Diese *Information* soll über ein elektrisches Kabel an einen Ort B übertragen werden. Dazu kann man das in Bild 1.1 gezeigte Signal u(t) mit der physikalischen Dimension "elektrische Spannung" verwenden:

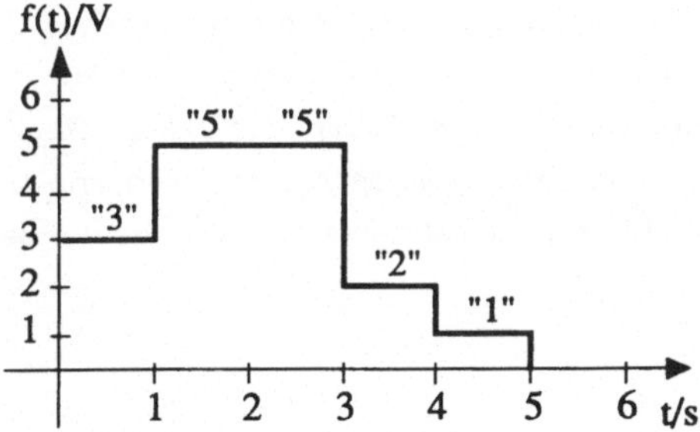

Bild 1.1: Beispiel eines Signals

Im zweiten Beispiel spricht Person A den Satz "mir ist kalt"; Person B hört zu. Es ergeben sich zeitliche Druckschwankungen der Luft, die als Signal interpretiert werden können. Hier ist die im Signal enthaltene Information nicht ganz eindeutig zu definieren. Person B könnte aus dem empfangenen Signal z.B. die folgenden Informationen entnehmen: 1) Jemand spricht – ich bin nicht allein. 2) Person A spricht. 3) Person A friert. 4) Person A ist heiser. 5) Person A hat einen englischen Akzent, usw.

Damit ist klar, daß die *Information* bzw. Bedeutung eines Signals letztlich auch vom interpretierenden Empfänger (insbesondere von seinem Interesse) abhängt und wir hier darauf nicht eingehen können. In der Nachrichtentechnik wird der Begriff "Information" in einem mathematisch exakt definierten, aber auch viel eingeschränkteren Rahmen gebraucht: wie wir in Abschnitt 2.5 näher erläutern werden, wird die Information hier über die Auftrittswahrscheinlichkeit von (als zufällig gedachten) zeit- und wertdiskreten Signalen definiert.

Neben den gerade besprochenen *informationstragenden* Nutzsignalen gibt es die Gruppe der *Störsignale* (z.B. Rauschen), die ebenfalls sehr oft zufälligen Charakter haben.

1.2 Beispiele nachrichtentechnischer Signale

Die in der Nachrichtentechnik auftretenden bzw. verwendeten Signale unterscheiden sich hinsichtlich ihres physikalischen Ursprungs, ihrer technischen Verwendung usw. Im folgenden sind einige typische Beispiele herausgegriffen.

Ein *Sprachsignal* (s. Bild 1.2) stellt ein Beispiel für ein "natürliches Signal" dar. Dagegen ist ein *Datensignal* (s. Bild 1.3) ein "künstliches Signal", das einem technischen Zweck (hier der Übertragung von Daten) dient. Einen elementaren Grundtyp eines künstlichen Signals stellt das in Bild 1.4 gezeigte *sinusförmige Signal* dar. Hier steckt die nachrichtentechnisch relevante Information in der Amplitude A_0, der Frequenz ω_0 und der Nullphase φ_0. Schließlich ist in Bild 1.5 ein *Rauschsignal* als wichtigstes Beispiel eines Störsignals dargestellt.

Laut [au]

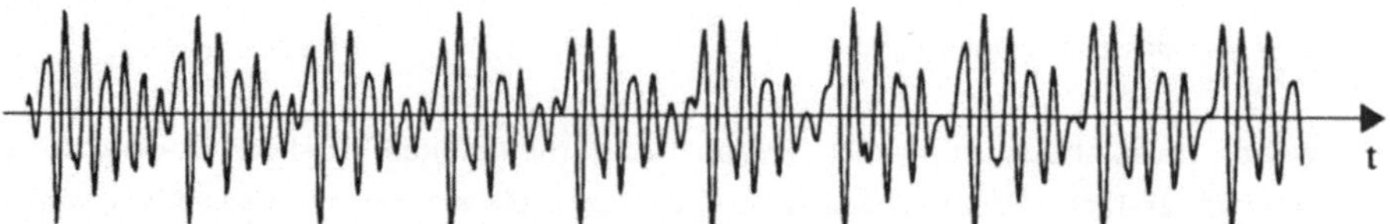

Bild 1.2: Sprachsignal

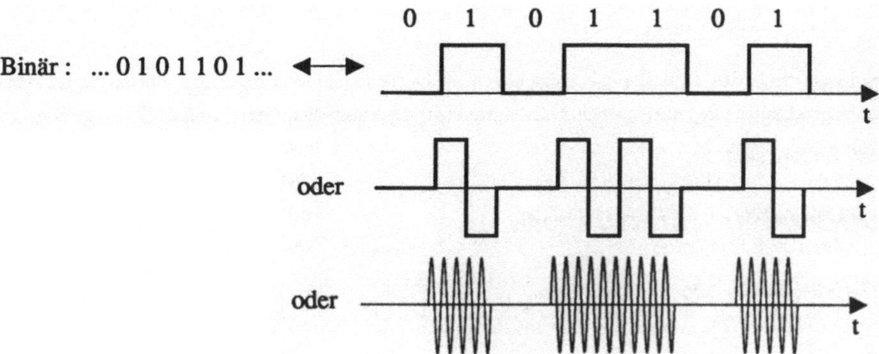

Bild 1.3: Einfache Datensignale

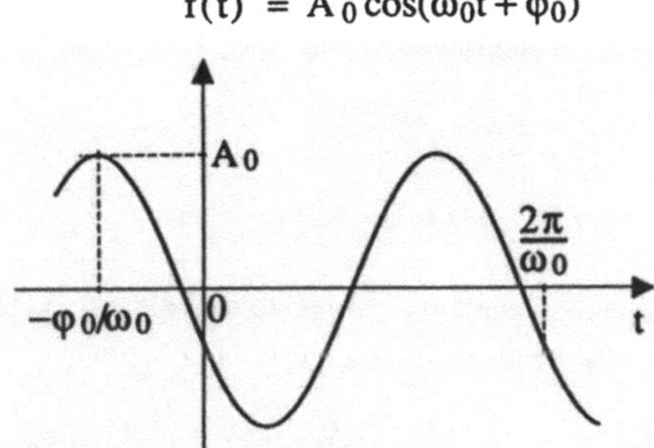

$$f(t) = A_0 \cos(\omega_0 t + \varphi_0)$$

Bild 1.4: Sinusförmiges Signal

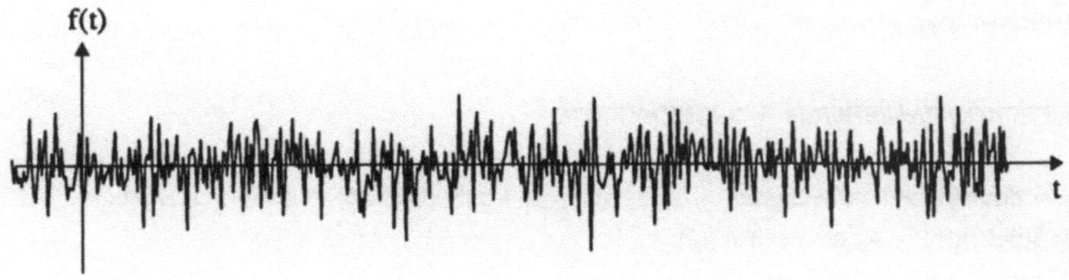

Bild 1.5: Rauschen

1.3 Systematische Einteilung der Signale

Die folgende Unterscheidung von Signaltypen bezieht sich auf gewisse elementare Signaleigenschaften, die sehr eng mit der mathematischen Beschreibung von Signalen
verbunden sind.

DETERMINIERT - STOCHASTISCH

Determiniertes Signal: Das Signal ist (als Funktion der Zeit) bekannt. Beispiel: $x(t) = A_0 \cos(\omega_0 t + \varphi_0)$, wobei die Parameter A_0, ω_0 und φ_0 bekannt sind.

Stochastisches Signal (auch: Stochastischer Prozeß, Zufallssignal): Das Signal ist (als
Funktion der Zeit) nicht bekannt. Bei der mathematischen Modellierung eines
stochastischen Signals nimmt man an, daß das Signal aus einer Schar (einem "Ensemble") möglicher Signale (der sog. *Musterfunktionen* oder *Realisierungen*) *zufällig*
ausgewählt wird. Die gesamte Schar ist durch Wahrscheinlichkeitsverteilungen bzw.
durch statistische Mittelwerte charakterisiert. Beispiel: $x(t) = A_0 \cos(\omega_0 t + \varphi_0)$ mit
zufälligem A_0 und φ_0 (s. Kapitel 5).

ZEITKONTINUIERLICH - ZEITDISKRET

Zeitkontinuierliches Signal $x(t)$: $t \in \mathbb{R}$ ist eine kontinuierliche Zeitvariable. Beispiel: $x(t) = A_0 \cos(\omega_0 t + \varphi_0)$, wobei ω_0 (Einheit: rad/s) eine Kreisfrequenz ist.

Zeitdiskretes Signal $x(n)$: $n \in \mathbb{Z}$ ist eine diskrete Zeitvariable, genauer ein dimensionsloser
Zeitindex. Beispiel: $x(n) = A_0 \cos(\Theta_0 n + \varphi_0)$, wobei Θ_0 (Einheit: rad) ein Winkel ist.
Zeitdiskrete Signale sind erforderlich für die Verarbeitung von Signalen durch
Digitalrechner ("digitale Signalverarbeitung"). Der umkehrbar eindeutige Übergang
zeitkontinuierlich $\longleftrightarrow$ *zeitdiskret* ist unter gewissen Voraussetzungen möglich
(Abtasttheorem).

WERTKONTINUIERLICH - WERTDISKRET

Wertkontinuierliches Signal: $y = x(t)$ ist eine kontinuierliche Variable ($y \in \mathbb{R}$ bzw. $y \in \mathbb{C}$).
Beispiel: $x(t) = A_0 \cos(\omega_0 t + \varphi_0)$.

Wertdiskretes Signal: $y = x(t)$ kann nur diskrete Werte y_i annehmen. Beispiel: binäres
Signal $y_i \in \{0,1\}$. Anwendung: Daten; digitale Signalverarbeitung.

REELLWERTIG - KOMPLEXWERTIG - VEKTORWERTIG

Reellwertiges Signal: $x(t) \in \mathbb{R}$. Beispiel: $x(t) = A_0 \cos(\omega_0 t + \varphi_0)$.

Komplexwertiges Signal: $x(t) \in \mathbb{C}$. Beispiel: $x(t) = A_0 \, e^{j(\omega_0 t + \varphi_0)}$. Wenngleich physikalische Größen stets reell sind, ermöglichen komplexwertige Signale eine erhebliche Vereinfachung vieler Überlegungen und Berechnungen (analog zu den komplexen Zeigern der Wechselstromtechnik).

Vektorwertiges Signal: Ein vektorwertiges Signal $\underline{x}(t) = (x_1(t), x_2(t), ..., x_N(t))$ entsteht durch Zusammenfassen mehrerer (reell- oder komplexwertiger) Einzelsignale.

ENDLICHE ENERGIE - UNENDLICHE ENERGIE

Die *Energie* eines (zeitkontinuierlichen) Signals $x(t)$ ist definiert gemäß

$$E_x = \int_t |x(t)|^2 \, dt$$

(soweit nicht anders angegeben, erstrecken sich Integrationen von $-\infty$ bis ∞).

Signal endlicher Energie: Die Signalenergie ist endlich ($E_x < \infty$), wenn das Signal $x(t)$ für $|t| \to \infty$ hinreichend schnell abklingt. Beispiel: $x(t) = e^{-(t/\tau)^2}$. Signale endlicher Energie werden auch "impulsförmig" genannt. Eine Spektralanalyse ist mit der Fouriertransformation im klassischen Sinn möglich.

Signal unendlicher Energie: Hier ist $E_x = \infty$. Beispiel: $x(t) = A_0 \cos(\omega_0 t + \varphi_0)$. Eine Spektralanalyse ist teilweise mit der Fouriertransformation im Sinn verallgemeinerter Funktionen möglich (die Spektren enthalten dann z.B. Dirac-Impulse), oder auch durch das "Leistungsdichtespektrum" (vgl. Abschnitt 5.6).

PERIODISCH - NICHTPERIODISCH

Periodisches Signal: Für ein periodisches Signal gilt $x(t+T) = x(t)$, wobei T die Periode ist. Die Energie ist hier stets unendlich. Eine Spektralanalyse ist mit der Fourierreihe oder mit der Fouriertransformation im Sinn verallgemeinerter Funktionen möglich; die Spektren sind "Linienspektren", d.h. sie bestehen aus Dirac-Impulsen ("Spektrallinien").

2. ZUFALL IN DER NACHRICHTENTECHNIK

Bei der Übertragung von Nachrichten sind zwei Größen zufällig:

1. Da die übertragene Information vor der Übertragung nicht bekannt ist, ist diese Information (z.B. Daten oder ein gesprochener Text) grundsätzlich als zufällig anzusehen. Damit sind dann auch die zur Übertragung verwendeten Signale Zufallssignale im Sinn von Abschnitt 1.2.

2. Bei der Übertragung wird das Signal im allgemeinen gestört, wobei die Störungen oft ebenfalls nicht bekannt sind und daher als zufällig anzusehen sind. Beispiele: additives Rauschen, Fadingeinbrüche beim Mobilfunk.

Bei der Übertragung sind somit sowohl die informationstragenden Nutzsignale als auch die Störsignale bzw. Störungen zufällig. Die zur Übertragung verwendeten Systeme (Sender und Empfänger) müssen einerseits an die Nutzsignale, andererseits aber auch an die durch den Kanal eingefügten Störungen angepaßt sein. Da beide Komponenten aber im Detail nicht bekannt sind, kann man beim Entwurf von Sender und Empfänger nur gewisse als bekannt vorausgesetzte mittlere Eigenschaften von Nutzsignalen und Störungen berücksichtigen.

Wir wollen das anhand einfacher Beispiele erläutern. Für den Entwurf einer Telefonverbindung genügt prinzipiell die Angabe eines Toleranzschemas für den Frequenzgang des Kanals sowie eine Abschätzung der Dynamik von Sprachsignalen. Hier braucht man auf die genauere Struktur der Sprachsignale nicht weiter einzugehen.

Wenn man aber ein Telefon-Vermittlungssystem konstruieren will, muß man gewisse statistische Eigenschaften berücksichtigen (z.B. die mittlere Dauer von Telefongesprächen, die zu erwartende mittlere Häufigkeit von Gesprächen usw.).

Wenn wir schließlich über einen Telefonkanal auch Daten übertragen wollen, ist die statistische Struktur der Daten wesentlich: ein längerer Block mit "0" könnte z.B. die Synchronisation oder einen adaptiven Entzerrer im Empfänger außer Tritt bringen. Die statistischen Eigenschaften der Störungen sind schließlich insbesondere dann wichtig, wenn man diese Störungen durch Codierung bekämpfen will: sowohl bei der Wahl eines passenden Codes als auch beim Entwurf des Decoders muß man die statistische Struktur der Störungen und des Signals berücksichtigen.

Damit ist klar, daß wir beim Entwurf sowie auch bei der Analyse von Systemen der Nachrichtentechnik meistens die genaue Form der Signale nicht kennen; gewisse mittlere (statistische) Eigenschaften und Parameter sind jedoch i.a. bekannt und sollen möglichst nutzbringend ausgewertet werden. Dazu werden mathematische Modelle für Signale und Übertragungskanäle entwickelt. Eine mathematisch exakte Darstellung der statistischen Eigenschaften beruht auf dem Begriff der *Wahrscheinlichkeit* und benützt dementsprechend die Methoden der *Wahrscheinlichkeitslehre* und *Statistik* (Sammelname: *Stochastik*). Theorie und Methoden dieser Gebiete sind Inhalt dieses und der folgenden Kapitel.

2.1 Wahrscheinlichkeitssystem als mathematisches Modell

EREIGNISSE. Für die Einführung des Begriffs der *Wahrscheinlichkeit eines Ereignisses* betrachten wir ein ***Zufallsexperiment***, bei dem die Versuchsergebnisse zufällig sind (Beispiel: Werfen eines Würfels). Wichtig ist dabei, daß die *Versuchsanordnung* wohldefiniert ist, und daß sich der *Versuch* (*trial*) beliebig oft wiederholen läßt. Ein möglicher Versuchsausgang wird ***Ergebnis*** (*outcome, result, sample*) genannt und in der Statistik meist mit ω bezeichnet (beim Würfel sind die möglichen Ergebnisse die Augenzahlen, sodaß ω_1="1", ω_2="2",..., ω_6="6"). Dabei wird von unwesentlichen Details abstrahiert: beim Würfel kommt es z.B. nur auf die Augenzahl an, nicht jedoch auf die genaue Lage des Würfels. Was wesentlich ist und was nicht, hängt dabei natürlich von der gerade untersuchten Problematik ab.

Die Menge aller möglichen Versuchsausgänge (Ergebnisse) wird ***Merkmalraum*** oder ***Ergebnisraum*** (*sample space*) genannt und mit S oder $\Omega=\{\omega\}$ bezeichnet. Würfelbeispiel: Ω ist die Menge aller möglichen Augenzahlen, $\Omega=\{$"1", "2", ..., "6"$\}$.

Jede Menge (Zusammenfassung) von Ergebnissen stellt ein ***Ereignis*** (*event*) dar. Im Würfelbeispiel sind mögliche Ereignisse z.B.

$$A = \omega_1 \qquad \text{Ereignis "Augenzahl 1"}$$
$$A = \{\omega_1,\omega_3\} \qquad \text{Ereignis "Augenzahl ist 1 oder 3"}$$
$$A = \{\omega_1,\omega_3,\omega_5\} \qquad \text{Ereignis "Augenzahl ist ungerade"}$$
$$A = \{\omega_4,\omega_5,\omega_6\} \qquad \text{Ereignis "Augenzahl zwischen 4 und 6"}$$

Sind die Ergebnisse eines Zufallsexperiments diskret (abzählbar) wie beispielsweise beim Würfel, so stellen die Ergebnisse selbst Ereignisse dar, die sog. *Elementar-ereignisse ω_j*. Gibt es k Elementarereignisse ω_i, dann lassen sich damit genau 2^k verschiedene Ereignisse A_j bilden (ein Ereignis kann jedes der k Elementarereignisse ω_i entweder enthalten oder nicht – damit ergeben sich 2^k Möglichkeiten).

Andererseits können die Ergebnisse aber auch kontinuierlich sein (kontinuierlicher Merkmalraum). Beispiel: Abtastwert eines wertkontinuierlichen Signals. Ein mögliches *Ergebnis* ist z.B. die Zahl 2.41267...; das Intervall [2,3] stellt ein *Ereignis* dar. Genau die Zahl 2.41267... wird praktisch nie gemessen werden (wir werden weiter unten sehen, daß die Wahrscheinlichkeit, genau diesen Wert zu messen, null ist; die Wahrscheinlichkeit für das Ereignis [2,3], d.h. daß der Abtastwert irgendeine Zahl zwischen 2 und 3 ist, ist dagegen i.a. von null verschieden). Das ist der Grund, warum wir zwischen den Begriffen "Ereignis" und "Ergebnis" sorgfältig unterscheiden. Wahrscheinlichkeiten kann man strenggenommen nur für Ereignisse widerspruchsfrei definieren.

Ein Ereignis, das nie auftreten kann, nennen wir das *unmögliche Ereignis $\emptyset$*. (im Würfelbeispiel ist das unmögliche Ereignis $\emptyset$: $\emptyset$ enthält weder "1" noch "2" noch "3" usw).

Der Merkmalraum Ω wurde als die Menge *aller* Elementarereignisse eingeführt; er stellt somit das *sichere Ereignis* dar, das stets auftritt (Würfelbeispiel: Ω ist das Ereignis "Augenzahl ist irgendeine natürliche Zahl zwischen 1 und 6"; dieses Ereignis tritt bei jedem Versuchsausgang auf).

Die Menge $\{A_j\}$ aller Ereignisse A_i nennen wir das *Ereignisfeld* (nicht zu verwechseln mit dem Merkmalraum Ω, der die Menge aller Elementarereignisse darstellt!). Würfel-beispiel: $\{A_j\} = \{\omega_1, \omega_2, ..., \omega_6, \Omega, \emptyset,$ "Augenzahl ungerade", "Augenzahl gerade", "Augenzahl zwischen 2 und 4", "Augenzahl zwischen 3 und 6", ... $\}$. Wesentlich für ein Ereignisfeld ist, daß Vereinigung und Durchschnitt (s.u.) zweier Ereignisse stets wieder Elemente des Ereignisfeldes sind.

Als *Komplementärereignis A^c* bezeichnen wir das Ereignis "Ereignis A tritt nicht auf". Es ist $A^c = \{\omega_i \mid \omega_i \notin A\}$, d.h. das Ereignis A^c besteht aus allen jenen Elementarereignissen ω_i, die im Ereignis A *nicht* enthalten sind. Würfelbeispiel: A="Augenzahl gerade"=$\{\omega_2,\omega_4,\omega_6\}$ $\Rightarrow$ A^c="Augenzahl ungerade"=$\{\omega_1,\omega_3,\omega_5\}$.

Aus zwei beliebigen Ereignissen A, B lassen sich andere Ereignisse C durch die folgenden Verknüpfungen gewinnen:

Vereinigung $C = A \cup B = \{\omega_i \mid \omega_i \in A$ oder $\omega_i \in B\}$: Ereignis "Ereignis A oder Ereignis B (oder beide) treten auf". Würfelbeispiel: "Augenzahl ungerade" $\cup$ "Augenzahl$\rangle$3" = $\{\omega_1,\omega_3,\omega_5\} \cup \{\omega_4,\omega_5,\omega_6\} = \{\omega_1,\omega_3,\omega_4,\omega_5,\omega_6\}$.

Durchschnitt (Verbundereignis) $C = A \cap B = AB = \{\omega_i \mid \omega_i \in A$ und $\omega_i \in B\}$: Ereignis "Ereignis A und Ereignis B treten auf". Würfelbeispiel: "Augenzahl ungerade" $\cap$ "Augenzahl$\rangle$3" = $\{\omega_1,\omega_3,\omega_5\} \cap \{\omega_4,\omega_5,\omega_6\} = \omega_5$.

Differenz $C = A \backslash B = \{\omega_i \mid \omega_i \in A$ und $\omega_i \notin B\}$: Ereignis "Ereignis A tritt auf und Ereignis B tritt nicht auf". Würfelbeispiel: "Augenzahl ungerade" $\backslash$ "Augenzahl$\rangle$3" = $\{\omega_1,\omega_3,\omega_5\} \backslash \{\omega_4,\omega_5,\omega_6\} = \{\omega_1,\omega_3\}$.

Zwei Ereignisse A,B heißen **disjunkt** (unvereinbar, unverträglich), wenn sie nie gleichzeitig auftreten können, d.h. $AB=\emptyset$. Würfelbeispiel: "Augenzahl gerade" $\cap$ "Augenzahl ungerade" = $\emptyset$. Die Elementarereignisse ω_i sind stets disjunkt. Weiters schreiben wir für die **Implikation** $A \subset B$ ("A impliziert B"); dies bedeutet, daß A einer Teilmenge von B entspricht, d.h. $\omega_i \in A \Rightarrow \omega_i \in B$. Würfelbeispiel: $\{\omega_2,\omega_6\} \subset$ "Augenzahl gerade".

Zur Illustration kann man das **Venn-Diagramm** verwenden, in dem Ereignisse durch Gebiete dargestellt werden (Bild 2.1):

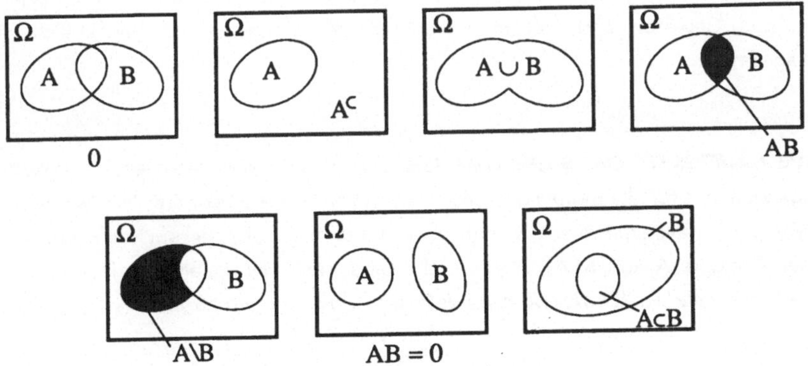

Bild 2.1: Venn-Diagramm

Offensichtlich gilt: $\Omega^c=\emptyset$, $\emptyset^c=\Omega$, $A^c=\Omega\backslash A$, $(A^c)^c=A$, $A\backslash B=AB^c$, $A \cup A=AA=A$, $A \cup A^c=\Omega$, $AA^c=\emptyset$, $A \cup \Omega=\Omega$, $A\Omega=A$, $A \cup \emptyset=A$, $A\emptyset=\emptyset$.

Es gelten weiters die folgenden Kommutativ-, Assoziativ- und Distributivgesetze: $A{\cup}B=B{\cup}A$, $AB=BA$, $A{\cup}(B{\cup}C)=(A{\cup}B){\cup}C$, $A(BC)=(AB)C$, $A{\cup}(BC)=(A{\cup}B)(A{\cup}C)$, $A(B{\cup}C)=AB{\cup}AC$, $A(B{\setminus}C)=AB{\setminus}AC$.

Schließlich gelten die Identität

$$A{\cup}B = AB \cup AB^c \cup A^cB$$

sowie die *De Morganschen Regeln*

$$(A{\cup}B)^c = A^c B^c , \qquad (AB)^c = A^c \cup B^c .$$

Alles bisher Gesagte läßt sich übertragen auf den Fall, daß die Ergebnisse nicht abzählbar sind. Die wichtigsten Beispiele für den nicht abzählbaren Fall sind:

1) Die Ergebnisse sind beliebige reelle Zahlen (z.B. $\omega=1.2$, $\omega=\pi$, ...). Der Merkmalraum (das sichere Ereignis) entspricht dann der gesamten Zahlengeraden ($\Omega=\mathbb{R}$). Hier ist es zweckmäßig, Ereignisse A,B,... als Intervalle der Zahlengeraden zu definieren: Ereignisse sind dann i.a. aus (offenen, halboffenen oder geschlossenen) Intervallen bzw. isolierten Punkten der Zahlengeraden zusammengesetzt, z.B.: $A = [-3,\pi] \cup \{5.5\}$, $B = [1.34, 5.7]\setminus\{4\}$.

2) Die Ergebnisse sind beliebige Punkte der Ebene (z.B. $\omega=(-3.5,-2)$). Der Merkmalraum (das sichere Ereignis) entspricht dann der gesamten Ebene ($\Omega=\mathbb{R}^2$), und Ereignisse sind i.a. aus Gebieten und isolierten Punkten der Ebene zusammengesetzt (vgl. Venn-Diagramm).

RELATIVE HÄUFIGKEIT EINES EREIGNISSES. Der Begriff der relativen Häufigkeit ist der Ausgangspunkt für die Einführung des Wahrscheinlichkeitsbegriffs. Wir wiederholen ein gegebenes Zufallsexperiment N mal; dabei trete bei $N[A]$ Versuchsausgängen ein gegebenes Ereignis A auf. $N[A]$ wird als die (absolute) Häufigkeit des Ereignisses A bezeichnet; die **relative Häufigkeit** $n[A]$ definieren wir sinngemäß als

$$n[A] = \frac{N[A]}{N} .$$

Offensichtlich gelten (unter anderem) die folgenden Gesetze:

$$0 \leq N[A] \leq N \ , \quad 0 \leq n[A] \leq 1$$

$$N[\emptyset] = 0 \ , \quad n[\emptyset] = 0$$

$$N[\Omega] = N \ , \quad n[\Omega] = 1$$

$$AB = \emptyset \ (A,B \text{ disjunkt}) \ \Rightarrow \ N[A \cup B] = N[A] + N[B] \ , \quad n[A \cup B] = n[A] + n[B]$$

$$A \subset B \ \Rightarrow \ N[A] \leq N[B] \ , \quad n[A] \leq n[B]$$

$$N[A^c] = N - N[A] \ , \quad n[A^c] = 1 - n[A] \ .$$

WAHRSCHEINLICHKEIT EINES EREIGNISSES. Wenn wir dasselbe Zufallsexperiment in einem zweiten Durchgang wieder N mal durchführen, werden wir dabei i.a. andere Ergebnisse für $N[A]$ und $n[A]$ erhalten. Ist aber N sehr groß, dann werden sich i.a. bei jeder Durchführung ungefähr dieselben Werte für $N[A]$ und $n[A]$ einstellen. Man könnte also annehmen, daß der Grenzwert

$$P[A] = \lim_{N \to \infty} n[A] = \lim_{N \to \infty} \frac{N[A]}{N}$$

existiert und unabhängig von der konkreten Versuchsdurchführung ist ("statistische Regelmäßigkeit").

Die obige Gleichung stellt eine empirische Definition der **Wahrscheinlichkeit P[A]** eines Ereignisses A dar (v. Mises, 1931). Für die so definierte Wahrscheinlichkeit $P[A]$ gelten dieselben Regeln wie für die relative Häufigkeit $n[A]$ (s.o.). Gegen diese empirische Definition der Wahrscheinlichkeit ist einzuwenden, daß die statistische Regelmäßigkeit nicht garantiert ist. Beispielsweise wird sich bei N-maligem Werfen eines Würfels (mit N sehr groß) in den allermeisten Fällen $n[\omega_1] \approx 1/6$ ergeben; es kann aber auch (sehr selten, aber doch) $n[\omega_1]$ signifikant von 1/6 abweichen.

Es ist deshalb formal notwendig, die Wahrscheinlichkeit $P[A]$ eines Ereignisses A *axiomatisch* zu definieren, wobei die folgenden Eigenschaften ("Axiome") gefordert werden (Kolmogoroff, 1933):

Axiom 1:	$0 \leq P[A] \leq 1$
Axiom 2:	$P[\Omega] = 1$
Axiom 3:	$AB = \emptyset \ \Rightarrow \ P[A \cup B] = P[A] + P[B]$

Diese drei Axiome (die analogen Eigenschaften der relativen Häufigkeit $n[A]$ entsprechen) genügen für die vollständige Definition der Wahrscheinlichkeit, sofern es endlich viele Ereignisse A_i gibt. Merkmalraum Ω, Ereignisfeld $\{A_i\}$ und die Wahrscheinlichkeitsfunktion $P[A_i]$ (im Sinne der Zuordnung $A_i \rightarrow P[A_i]$) stellen zusammen ein "vollständiges Wahrscheinlichkeitssystem" $W = \{\Omega, \{A_i\}, P[A_i]\}$ dar.

Aus den Axiomen folgen weitere Eigenschaften der Wahrscheinlichkeit (vgl. relative Häufigkeit):

$$P[\emptyset] = 0$$
$$A \subset B \quad \Rightarrow \quad P[A] \leq P[B]$$
$$P[A^c] = 1 - P[A]$$
$$P[A] = P[AB] + P[AB^c]$$
$$P[A \cup B] = P[A] + P[B] - P[AB] \leq P[A] + P[B]$$
$$P[A \backslash B] = P[A] - P[AB]$$

Läßt sich ein Ereignis A als Vereinigung von *paarweise disjunkten* Ereignissen A_i darstellen,

$$A = A_1 \cup A_2 \cup \ldots \cup A_K = \bigcup_{i=1}^{K} A_i \qquad \text{mit} \qquad A_i A_j = \emptyset \text{ für } i \neq j \; ,$$

dann gilt für die Wahrscheinlichkeit von A (vgl. Axiom 3)

$$P[A] = \sum_{i=1}^{K} P[A_i] \; .$$

Im Falle abzählbarer Elementarereignisse ω_i läßt sich jedes Ereignis A aus einer Anzahl von Elementarereignissen zusammensetzen; unter Berücksichtigung der Disjunktheit von Elementarereignissen folgt dann

$$P[A] = \sum_{(\omega_i \in A)} P[\omega_i] \; .$$

Aus dieser für die konkrete Berechnung von Wahrscheinlichkeiten oft nützlichen Beziehung ergibt sich insbesondere (mit $A = \Omega$)

$$\sum_{(\text{alle } \omega_i)} P[\omega_i] = P[\Omega] = 1 \; .$$

Ein anderer wichtiger Spezialfall ist der Fall endlich vieler *gleichwahrscheinlicher* Elementarereignisse ω_i,

$$P[\omega_i] = 1/K \quad (K \ldots \text{Gesamtanzahl der Elementarereignisse } \omega_i)$$

(z.B. Würfel: $P[\omega_1]=P[\omega_2]=...=P[\omega_6]=1/6$), für den man das folgende Ergebnis erhält:

$$P[A] = \sum_{(\omega_i \in A)} P[\omega_i] = \sum_{(\omega_i \in A)} \frac{1}{K} = K_A/K \qquad (K_A... \text{ Anzahl der in A enthaltenen Elementarereignisse } \omega_i)$$

Diese wohlbekannte Regel ("Anzahl der für A günstigen Fälle / Anzahl der insgesamt möglichen Fälle"), die der klassischen Wahrscheinlichkeit (Laplace, 1749-1827) entspricht, gilt also nur im Falle endlich vieler *gleichwahrscheinlicher* Elementarereignisse!

Abschließend behandeln wir den Fall, daß die Ergebnisse ω nicht abzählbar sind. Als Beispiel betrachten wir hier einen Teil der Zahlengeraden, z.B.

$$\Omega = \{\omega \in \mathbb{R} \mid a \leq \omega \leq b\} \ .$$

Jedes Ereignis A entspricht hier einer Vereinigung I_A i.a. mehrerer zwischen a und b gelegener Intervalle. Die Wahrscheinlichkeit $P[A]$ eines Ereignisses definieren wir dann gemäß

$$P[A] = \int_{I_A} p(\omega)\, d\omega \ .$$

Die "Wahrscheinlichkeitsdichtefunktion" $p(\omega)$ muß dabei den Einschränkungen

$$p(\omega) \geq 0 \qquad \text{und} \qquad \int_{\Omega} p(\omega)\, d\omega = 1$$

genügen, die die Gültigkeit der Kolmogoroffschen Axiome garantieren. Hier genügt also die Kenntnis der Wahrscheinlichkeitsdichtefunktion $p(\omega)$ über allen Versuchsergebnissen $\omega \in \mathbb{R}$; aus ihr können die Wahrscheinlichkeiten $P[A_i]$ für beliebige Ereignisse A_i durch Integration berechnet werden (s. Kapitel 3). Beachte, daß $P[\omega]=0$, d.h. ein (einem Punkt entsprechendes) *Ergebnis* hat Wahrscheinlichkeit 0.

2.2 Bedingte Wahrscheinlichkeiten

DEFINITION. Nehmen wir an, wir führen ein Zufallsexperiment N mal durch. Dabei treten die Ereignisse A und B je $N[A]$ mal bzw. $N[B]$ mal ein. Wir betrachten nun die

Teilfolge der $N[B]$ Versuchsausgänge, bei denen B eingetreten ist und fragen nach der relativen Häufigkeit von A *in dieser Teilfolge* (beachte, daß die Ereignisse A und B nicht unbedingt disjunkt sind!). Diese relative Häufigkeit bezeichnen wir mit $n[A|B]$. In der Teilfolge kommt A offensichtlich $N[AB]$ mal vor (es müssen ja hier sowohl A als auch B eintreten). Somit ist

$$n[A|B] = \frac{N[AB]}{N[B]} = \frac{N[AB]/N}{N[B]/N} = \frac{n[AB]}{n[B]} \ .$$

Dies nehmen wir als Motivation, die **bedingte Wahrscheinlichkeit $P[A|B]$ eines Ereignisses A unter der Bedingung B** zu definieren als

$$P[A|B] = \frac{P[AB]}{P[B]} \ ,$$

wobei $P[B]\neq 0$ vorausgesetzt ist. Aus dieser Definition ergeben sich die folgenden (unmittelbar einsichtigen) Regeln:

$$AB=\emptyset \ (A,B \text{ disjunkt}) \ \Rightarrow P[AB]=0 \ \Rightarrow P[A|B]=0$$
$$A\subset B \ \ \Rightarrow P[AB]=P[A] \ \Rightarrow \ P[A|B]=P[A]/P[B] \ \Rightarrow \ P[A|B]\geq P[A]$$
$$B\subset A \ \ \Rightarrow P[AB]=P[B] \ \Rightarrow \ P[A|B]=1$$
$$P[A|A]=1 \ , \ P[A|\Omega]=P[A] \ , \ P[\Omega|B]=1 \ , \ P[\emptyset|B]=0 \ .$$

Die bedingte Wahrscheinlichkeit erfüllt die Kolmogoroffschen Axiome,

$$0\leq P[A|B]\leq 1 \ , \quad P[\Omega|B]=1 \ , \quad P[A_1\cup A_2|B]=P[A_1|B]+P[A_2|B] \ \text{ für } A_1A_2=\emptyset$$

(die letzte Beziehung gilt übrigens auch dann noch, wenn nur A_1B und A_2B disjunkt sind). Die bedingte Wahrscheinlichkeit ist somit eine "ganz normale" Wahrscheinlichkeit, für die auch die übrigen Rechenregeln für Wahrscheinlichkeiten gelten.

DER EINGESCHRÄNKTE MERKMALRAUM. Die "Bedingung B" kann auch als Einschränkung des ursprünglichen Merkmalraums Ω interpretiert werden; die bedingten Wahrscheinlichkeiten sind dann Wahrscheinlichkeiten über dem "eingeschränkten Merkmalraum" B. Dies soll im folgenden Beispiel gezeigt werden.

Gegeben sei eine Kiste mit 32 Glühlampen; diese können nach ihrer Leistungsaufnahme (z.B. 40 W, 60 W und 100 W) sowie ihrer Beschichtung (matt oder hell leuchtend) unterschieden werden. Wir nehmen die folgende Verteilung an:

Anzahl der Glühlampen:

	40 W	60 W	100 W
hell	8	6	7
matt	4	5	2

Das Zufallsexperiment besteht nun darin, zufällig eine Glühlampe aus der Kiste zu entnehmen. Der Merkmalraum dieses Zufallsexperiments umfaßt 32 Elementarereignisse; ein Elementarereignis ω_i ist dabei die Entnahme einer bestimmten Lampe. Diese Elementarereignisse ω_i können als gleichwahrscheinlich angenommen werden.

Mit diesen 32 Elementarereignissen lassen sich nun insgesamt 2^{32} verschiedene Ereignisse konstruieren (z.B.: "helle Lampe mit weniger als 100 W Leistungsaufnahme"). Wir betrachten zunächst jene 5 Ereignisse, die den beiden Merkmalen "Leistungsaufnahme" und "Beschichtung" entsprechen:

$$A_1 = \text{"40 W-Lampe"}, \quad A_2 = \text{"60 W-Lampe"}, \quad A_3 = \text{"100 W-Lampe"};$$

$$B_1 = \text{"helle Lampe"}, \quad B_2 = \text{"matte Lampe"}.$$

Da die Elementarereignisse gleichwahrscheinlich sind, können die Wahrscheinlichkeiten dieser Ereignisse nach der Regel "Anzahl der günstigen Fälle / Anzahl der insgesamt möglichen Fälle" (im folgenden kurz "GM-Regel" genannt) berechnet werden. Beispielsweise ist $P[A_1] = 12/32$, da es 12 40 W-Lampen gibt. Wir erhalten

A_i	$A_1 = \text{"40 W"}$	$A_2 = \text{"60 W"}$	$A_3 = \text{"100 W"}$
$P[A_i]$	12/32	11/32	9/32

B_i	$B_1 = \text{"hell"}$	$B_2 = \text{"matt"}$
$P[B_i]$	21/32	11/32

Weitere Ereignisse erhalten wir durch Kombination der beiden Merkmale "Leistungsaufnahme" und "Beschichtung"; dies entspricht den Durchschnitten der Ereignisse A_i und B_j:

$C_1 = A_1B_1 = \text{"40 W hell"}$, $C_2 = A_1B_2 = \text{"40 W matt"}$, $C_3 = A_2B_1 = \text{"60 W hell"}$ usw.

Die Wahrscheinlichkeiten dieser (insgesamt $3 \cdot 2 = 6$) Ereignisse C_i errechnen sich wieder mit der GM-Regel:

Wahrscheinlichkeiten $P[C_i]$:

	40 W	60 W	100 W
hell	8/32	6/32	7/32
matt	4/32	5/32	2/32

Wir betrachten nun die *bedingte* Wahrscheinlichkeit

$$P[\text{"40 W"}|\text{"hell"}] = P[A_1|B_1] = \frac{P[A_1B_1]}{P[B_1]} = \frac{8/32}{21/32} = 8/21 \ .$$

Dieses Ergebnis läßt sich auf sehr einfache Weise interpretieren. Entsprechend der "Bedingung" $B_1 = $ "hell" betrachten wir die insgesamt 21 hellen Lampen; unter diesen gibt es 8 40 W-Lampen. Somit ergibt sich die Wahrscheinlichkeit $P[\text{"40 W"}|\text{"hell"}] = 8/21$ unmittelbar aus der GM-Regel, wobei aber nun der zugrundeliegende Merkmalraum auf die 21 hellen Lampen eingeschränkt wurde. *Bedingte Wahrscheinlichkeiten sind also Wahrscheinlichkeiten, die auf einem entsprechend der Bedingung eingeschränkten Merkmalraum gebildet werden.*

Durch Anwendung der GM-Regel mit einem entsprechend der jeweiligen Bedingung eingeschränkten Merkmalraum erhalten wir für die bedingten Wahrscheinlichkeiten $P[A_i|B_j]$ und $P[B_i|A_j]$ die folgenden Ergebnisse:

A_i	A_1	A_2	A_3
$P[A_i|B_1]$	8/21	6/21	7/21
$P[A_i|B_2]$	4/11	5/11	2/11

B_i	B_1	B_2
$P[B_i|A_1]$	8/12	4/12
$P[B_i|A_2]$	6/11	5/11
$P[B_i|A_3]$	7/9	2/9

Mit diesen Zahlenwerten kann man schließlich auch die Gültigkeit der Beziehungen

$$\sum_{i=1}^{3} P[A_i|B_j] = \sum_{i=1}^{2} P[B_i|A_j] = 1 \ ,$$

$$P[A_i|B_j] = P[A_iB_j]/P[B_j] \ , \qquad P[B_i|A_j] = P[A_jB_i]/P[A_j]$$

überprüfen.

BAYES-THEOREM UND STATISTISCHE UNABHÄNGIGKEIT. Aus der Definition der bedingten Wahrscheinlichkeit folgt für die Verbundwahrscheinlichkeit eine Darstellung als Produkt zweier Wahrscheinlichkeiten:

$$P[AB] = P[A|B]\,P[B] = P[B|A]\,P[A] \ . \qquad\qquad (*)$$

Daraus folgt weiters das für praktische Rechnungen wichtige **Bayessche Theorem**

$$P[B|A] = P[A|B]\,\frac{P[B]}{P[A]} \ , \qquad (P[A] \neq 0)$$

das die Berechnung der bedingten Wahrscheinlicheit $P[B|A]$ bei bekannter bedingter Wahrscheinlichkeit $P[A|B]$ und bekannten "unbedingten" Wahrscheinlichkeiten $P[A]$ und $P[B]$ ermöglicht. Im obigen Lampen-Beispiel gilt z.B.

$$P[B_1|A_1] = 8/12$$

$$P[B_1|A_1] = P[A_1|B_1]\,\frac{P[B_1]}{P[A_1]} = \frac{8}{21}\,\frac{21/32}{12/32} = 8/12 \ .$$

Das Bayessche Theorem wird bei den in Abschnitt 2.4 behandelten Entscheidungsregeln für die Auswertung übertragener (gestörter) Signale eine wichtige Rolle spielen.

Wir nennen zwei Ereignisse A, B **statistisch unabhängig**, wenn $P[A|B]=P[A]$ gilt (mit Bayes ergibt sich daraus auch $P[B|A]=P[B]$). In unserem Lampen-Beispiel sind die Ereignisse A_i und B_j offensichtlich nicht statistisch unabhängig: die Wahrscheinlichkeit, mit der man z.B. eine matte Lampe entnimmt, hängt sehr wohl davon ab, ob man dabei z.B. auf 40 W-Lampen einschränkt oder nicht,

$$\left.\begin{array}{l} P[\text{"matt"}|\text{"40 W"}] = P[B_2|A_1] = 4/12 \\ P[\text{"matt"}] = P[B_2] = 11/32 \end{array}\right\} \quad \Rightarrow \quad P[B_2|A_1] \neq P[B_2] \ .$$

Für statistisch unabhängige Ereignisse ist die Verbundwahrscheinlichkeit einfach das Produkt der einzelnen Wahrscheinlichkeiten (dies ist notwendig und hinreichend für die statistische Unabhängigkeit zweier Ereignisse),

$$P[AB] = P[A]\,P[B]\ .$$

Sind zwei Ereignisse A,B unabhängig, dann sind auch A^c,B bzw. A,B^c bzw. A^c,B^c jeweils unabhängig.

Eine Verallgemeinerung der Beziehung (∗) auf K Ereignisse A_1,A_2,...,A_K stellt die **Kettenregel** dar,

$$P[A_1A_2...A_K] = P[A_K|(A_{K-1}A_{K-2}...A_1)]\ ...\ P[A_3|(A_2A_1)]\,P[A_2|A_1]\,P[A_1]\ .$$

K Ereignisse A_1,A_2,...,A_K heißen statistisch unabhängig, wenn $P[A_{i1}A_{i2}..A_{in}|A_{j1}A_{j2}..A_{jm}]=P[A_{i1}A_{i2}...A_{in}]$ für beliebige *verschiedene* Gruppen A_{i1},A_{i2},...,A_{in} und A_{j1},A_{j2},...,A_{jm} (die kein Ereignis gemeinsam haben). Notwendig und hinreichend ist hier (vgl. Kettenregel)

$$P[A_1A_2...A_K] = P[A_1]\,P[A_2]\ ...\ P[A_K]\ ;$$

paarweise Unabhängigkeit $P[A_iA_j] = P[A_i]P[A_j]$ genügt nicht!

Oft läßt sich ein Ereignis A als Vereinigung von K paarweise *disjunkten* Einzelereignissen A_i darstellen,

$$A = \bigcup_{i=1}^{K} A_i \quad \text{mit} \quad A_iA_j = \emptyset \quad \text{für } i \neq j\ .$$

Wie für jede Wahrscheinlichkeit gilt dann für die bedingte Wahrscheinlichkeit $P[A|B]$

$$P[A|B] = \sum_{i=1}^{K} P[A_i|B]\ .$$

Durch Anwendung des Bayesschen Theorem auf beide Seiten folgt daraus umgekehrt

$$P[B|A]\ =\ \frac{1}{P[A]} \sum_{i=1}^{K} P[B|A_i]\,P[A_i]\ =\ \frac{\sum\limits_{i=1}^{K} P[B|A_i]\,P[A_i]}{\sum\limits_{i=1}^{K} P[A_i]}\ .$$

Speziell für $A=\Omega$, d.h.

$$\bigcup_{i=1}^{K} A_i = \Omega\ ,$$

ergibt sich der *Satz von der vollständigen Wahrscheinlichkeit*

$$P[B] = \sum_{i=1}^{K} P[B|A_i]\,P[A_i] \ ,$$

der auch direkt aus

$$P[B] = \sum_{i=1}^{K} P[B\,A_i]$$

gewonnen werden kann. Mit dem Satz von der vollständigen Wahrscheinlichkeit erhält man die folgende Version des Bayesschen Theorems,

$$P[A_i|B] = P[B|A_i]\frac{P[A_i]}{P[B]} = \frac{P[B|A_i]\,P[A_i]}{\sum\limits_{j=1}^{K} P[B|A_j]\,P[A_j]} \ ,$$

die die Berechnung von $P[A_i|B]$ aus $P[B|A_j]$ und $P[A_j]$ erlaubt (dies ist wichtig für praktische Rechnungen). Es sei aber nochmals darauf hingewiesen, daß die obigen drei Beziehungen nur unter den Voraussetzungen $\bigcup_i A_i = \Omega$ und $A_i A_j = \emptyset$ für $i \neq j$ gelten, und daß jeweils über *alle* Ereignisse A_i summiert werden muß.

2.3 Zusammengesetzte Experimente – der diskrete Übertragungskanal

Als Motivation (und zugleich für uns wichtigste Anwendung) zusammengesetzter Experimente betrachten wir das folgende Modell einer aus Sender, Kanal und Empfänger bestehenden Übertragungsstrecke. Der *Sender* hat eine Menge $M=\{m_0, m_1, ...\}$ von diskreten Nachrichten m_i ("message") zur Verfügung, aus denen er zufällig (mit Wahrscheinlichkeiten $P[m_i]$) eine auswählt. Dieses "Senden" ist also ein Zufallsexperiment mit Elementarereignissen m_i aus dem Merkmalraum M. Der *Empfänger* empfängt ein Empfangssignal r_i ("received signal") mit Wahrscheinlichkeit $P[r_i]$; die Menge aller unterscheidbaren Empfangssignale ist $R=\{r_0, r_1, ...\}$. "Empfangen" ist somit ebenfalls ein Zufallsexperiment mit Elementarereignissen r_j aus dem Merkmalraum R. Der *Kanal* schließlich bewirkt die Abbildung $m_i \rightarrow r_j$. Auch diese Abbildung ist zufällig und wird somit nicht z.B. durch eine festgelegte Zuordnungstabelle, sondern durch *Übergangswahrscheinlichkeiten* (= bedingte Wahrscheinlichkeiten) $P[r_j|m_i]$ charakterisiert. Der Kanal ist also durch die Übergangswahrscheinlichkeiten $P[r_j|m_i]$ (die zweckmäßigerweise zu einer Matrix zusammengefaßt werden) vollständig beschrieben. Beachte, daß die Empfangswahrscheinlichkeiten $P[r_j]$ aufgrund des Satzes von der vollständigen Wahrscheinlichkeit durch die Sendewahrscheinlichkeiten $P[m_i]$ und die Kanal-Übergangswahrscheinlichkeiten $P[r_j|m_i]$ festgelegt sind gemäß

$$P[r_j] = \sum_i P[r_j|m_i]\,P[m_i] \; ;$$

die gesamte Übertragung ist also durch M, R, $P[m_i]$ und $P[r_j|m_i]$ vollständig beschrieben. Es gelten weiters die Beziehungen

$$\sum_i P[m_i] = \sum_j P[r_j] = \sum_i P[m_i|r_j] = \sum_j P[r_j|m_i] = 1 \; ,$$

denn die Elementarereignisse m_i bzw. r_j sind disjunkt, und die Vereinigung sämtlicher Elementarereignisse m_i bzw. r_j ist das sichere Ereignis M bzw. R. Schließlich ergibt sich mit dem Bayesschen Theorem

$$P[m_i|r_j] = P[r_j|m_i]\,\frac{P[m_i]}{P[r_j]} \; .$$

Im folgenden betrachten wir als sehr einfaches und wichtiges Beispiel den ***binären symmetrischen Kanal*** (binary **s**ymmetric **c**hannel, BSC-Kanal), bei dem $M=\{m_0,m_1\}$ und $R=\{r_0,r_1\}$ sowie $P[r_0|m_0]=P[r_1|m_1]$ und $P[r_0|m_1]=P[r_1|m_0]$ gelten. Der BSC-Kanal ist in Bild 2.2 schematisch dargestellt.

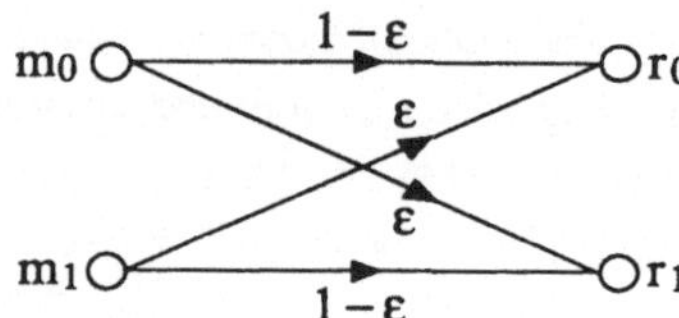

$$P[r_0|m_0] = P[r_1|m_1] = 1-\varepsilon$$
$$P[r_0|m_1] = P[r_1|m_0] = \varepsilon$$

Bild 2.2: BSC-Kanal

Die (mit der bedingten Wahrscheinlichkeit $\varepsilon = P[r_1|m_0] = P[r_0|m_1]$ auftretenden) Zuordnungen $m_0 \rightarrow r_1$ und $m_1 \rightarrow r_0$ kann man sich als Folge einer durch den Kanal verursachten Störung vorstellen.

Die kombinierte Durchführung der Zufallsexperimente "Senden" und "Empfangen" entspricht einem ***zusammengesetzten Zufallsexperiment*** mit Merkmalraum $\Omega = M \times R =$ $\{(m_0 r_0),(m_0 r_1),\ (m_1,r_0),(m_1,r_1)\}$ und Elementarereignissen, die durch die Verbundereignisse $m_i r_j$ gegeben sind. Die Wahrscheinlichkeiten der Elementarereignisse sind daher

$$P[m_i r_j] = P[r_j|m_i]\,P[m_i]$$

und somit durch die Sendewahrscheinlichkeiten $P[m_i]$ und die Kanal-Übergangswahrscheinlichkeiten $P[r_j|m_i]$ bestimmt. Grafische Interpretation: $P[m_i r_j]$ ist die Fläche eines Rechtecks mit Seitenlängen $P[r_j|m_i]$ und $P[m_i]$. Daraus ergibt sich das in Bild 2.3 gezeigte Schema.

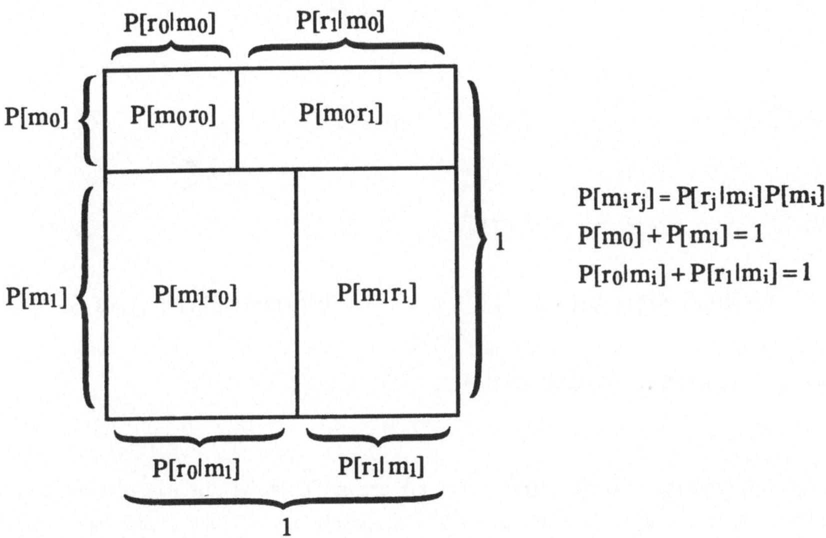

Bild 2.3: "Wahrscheinlichkeitsfeld" einer binären Informationsübertragung

Das in Bild 2.3 dargestellte Rechteck ist ein Quadrat mit der Seitenlänge 1, denn es gilt $P[m_0] + P[m_1] = 1$ sowie $P[r_0|m_0] + P[r_1|m_0] = P[r_0|m_1] + P[r_1|m_1] = 1$.

Die Empfangswahrscheinlichkeiten $P[r_j]$ lassen sich aus den Verbundwahrscheinlichkeiten $P[m_i r_j]$ berechnen: mit $\bigcup_i m_i = M$ (sicheres Ereignis) und $m_i m_j = \varnothing$ für $i \neq j$ (Disjunktheit) gilt

$$P[r_j] = \sum_i P[m_i r_j]\ .$$

2.4 Entscheidungsregeln des Empfängers

ENTSCHEIDUNGSREGEL UND FEHLERWAHRSCHEINLICHKEIT. Aufgabe des Empfängers ist es, aus dem empfangenen Signal r auf die tatsächlich gesendete Nachricht m rückzuschließen. Beim Empfang eines Signals r_j muß der Empfänger also eine Entscheidung über die gesendete Nachricht m_i treffen; da die Kanalstörungen zufällig sind, kann diese Entscheidung auch falsch ausfallen. Wir nehmen an, daß dem Empfänger die Sendewahrscheinlichkeiten $P[m_i]$ und die Kanal-Übergangswahrscheinlichkeiten $P[r_j|m_i]$ bekannt sind; diese vorgegebenen Wahrscheinlichkeiten kann der Empfänger bei seiner Entscheidung berücksichtigen. Zur Illustration betrachten wir zwei extreme Beispiele eines BSC-Kanals mit $\varepsilon=0$ bzw. $\varepsilon=1$:

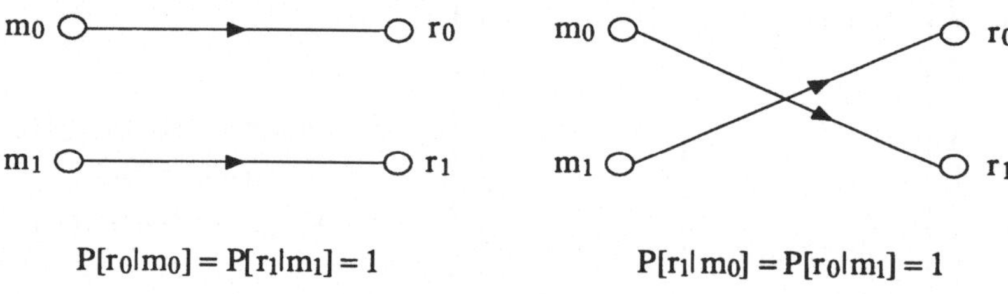

Bild 2.4: Grenzfälle eines BSC-Kanals

Beim Empfang von r_0 wird der Empfänger im ersten Beispiel auf m_0 und im zweiten Beispiel auf m_1 entscheiden, wobei diese Entscheidungsregeln hier unabhängig von den Sendewahrscheinlichkeiten sind. Bei vorgegebenen Kanal-Übergangswahrscheinlichkeiten wird die einmal gewählte Entscheidungsregel immer beibehalten. Auf die optimale bzw. sinnvolle Wahl einer Entscheidungsregel werden wir weiter unten eingehen.

Das ***Fehlerereignis E*** (Ereignis, daß ein Entscheidungsfehler auftritt, "error") ist die

Vereinigung aller Elementarereignisse $m_i r_j$, die Übertragungen $m_i - r_j$ entsprechen, welche nicht mit der beim Empfang von r_j vom Empfänger getroffenen Zuordnung

$r_j \rightarrow m_k$ übereinstimmen,

$$E = \bigcup_{\substack{i,j \\ (r_j \rightarrow m_i \text{ falsch})}} m_i r_j .$$

Die *Fehlerwahrscheinlichkeit P[E]* ist somit

$$P[E] = \sum_{\substack{i,j \\ (r_j \rightarrow m_i \text{ falsch})}} P[m_i r_j] = \sum_i P[m_i] \sum_{\substack{j \\ (r_j \rightarrow m_i \text{ falsch})}} P[r_j | m_i] .$$

Ein alternativer Ausdruck für die Fehlerwahrscheinlichkeit ist

$$P[E] = 1 - P[C]$$

wobei $P[C]$ die Wahrscheinlichkeit einer richtigen Entscheidung ist ("correct"),

$$P[C] = \sum_{\substack{i,j \\ (r_j \rightarrow m_i \text{ richtig})}} P[m_i r_j] = \sum_i P[m_i] \sum_{\substack{j \\ (r_j \rightarrow m_i \text{ richtig})}} P[r_j | m_i] .$$

Diese Form ist für die Berechnung angenehmer, da es (abgesehen von binären Übertragungsstrecken) stets weniger Elementarereignisse $m_i r_j$ gibt, die richtigen Entscheidungen $r_j \rightarrow m_i$ entsprechen als solche, die falschen Entscheidungen entsprechen. Die Berechnung der Fehlerwahrscheinlichkeit gemäß den obigen Beziehungen wird weiter unten anhand von Beispielen demonstriert werden.

Die Entscheidungen (Zuordnungen) des Empfängers werden im Prinzip so festgelegt, daß der Empfänger jedem empfangenen r_j ein $m_i = \hat{m}(r_j)$ als "wahrscheinlichste Ursache" zuordnet. Er benützt dabei eine feststehende Entscheidungsregel (in Form einer Zuordnungstabelle), die i.a. von der Sendestatistik ($P[m_i]$) und den Kanaleigenschaften ($P[r_j | m_i]$) abhängt. Diese Zuordnungen werden vor der eigentlichen Übertragung ein für allemal festgesetzt. Welche Entscheidungsregel soll der Empfänger nun bei gegebenen Wahrscheinlichkeiten $P[m_i]$ und $P[r_j | m_i]$ verwenden? Im folgenden werden drei wichtige Strategien vorgestellt.

1. MAXIMUM-LIKELIHOOD-EMPFÄNGER (ML-EMPFÄNGER). Entscheidungsregel: Empfängt man r_j , dann wird als $\hat{m}(r_j)$ jenes m_i gewählt, für das $P[r_j | m_i]$ maximal ist, also jene gesendete Nachricht m_i, für die das empfangene r_j mit größter Wahrscheinlichkeit auftritt,

$$m(r_j): \qquad P[r_j|m_i] \to \max_{m_i} .$$

Ein Beispiel ist in Bild 2.5 gezeigt.

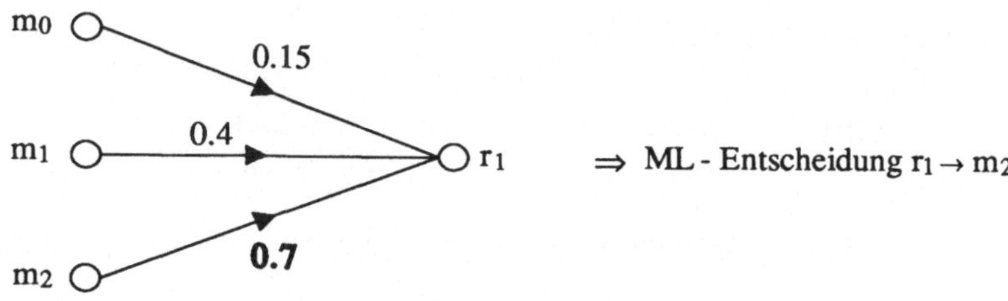

Bild 2.5: ML-Entscheidungsregel

In die ML-Entscheidungsregel gehen nur die Kanal-Übergangswahrscheinlichkeiten $P[r_j|m_i]$ ein, nicht aber die Sendestatistik (Sendewahrscheinlichkeiten $P[m_i]$). Die Fehlerwahrscheinlichkeit $P[E]$ hängt aber i.a. von der Sendestatistik sehr wohl ab.

Ein besonders einfaches Ergebnis für die Fehlerwahrscheinlichkeit erhält man im Fall des binären Senders und des BSC-Kanals. Ist $\varepsilon < 1/2$, dann gilt $\varepsilon < 1-\varepsilon$ und damit $P[r_0|m_0] > P[r_0|m_1]$ sowie $P[r_1|m_1] > P[r_1|m_0]$; die ML-Entscheidungsregel lautet also $\hat{m}(r_0) = m_0$ und $\hat{m}(r_1) = m_1$. Die Entscheidung des Empfängers ist falsch, wenn m_0 gesendet und r_1 empfangen wurde bzw. wenn m_1 gesendet und r_0 empfangen wurde. Die Fehlerwahrscheinlichkeit ist demnach

$$P[E] = P[m_0 r_1] + P[m_1 r_0] = P[m_0] P[r_1|m_0] + P[m_1] P[r_0|m_1] = (P[m_0] + P[m_1]) \varepsilon = \varepsilon .$$

Dies entspricht der Summe der in Bild 2.6 mit "F" gekennzeichneten Rechtecksflächen im Wahrscheinlichkeitsfeld der binären Übertragung.

Im Fall $\varepsilon > 1/2$ gilt dagegen $\varepsilon > 1-\varepsilon$ und damit $P[r_0|m_1] > P[r_0|m_0]$ sowie $P[r_1|m_0] > P[r_1|m_1]$; die ML-Entscheidungsregel lautet also $\hat{m}(r_0) = m_1$ und $\hat{m}(r_1) = m_0$. Die Entscheidung des Empfängers ist falsch, wenn m_0 gesendet und r_0 empfangen wurde bzw. wenn m_1 gesendet und r_1 empfangen wurde. Die Fehlerwahrscheinlichkeit ergibt sich analog zum ersten Fall zu $P[E] = 1-\varepsilon$. Als allgemein gültiges Ergebnis erhalten wir somit

$$P[E] = \min\{\varepsilon, 1-\varepsilon\} .$$

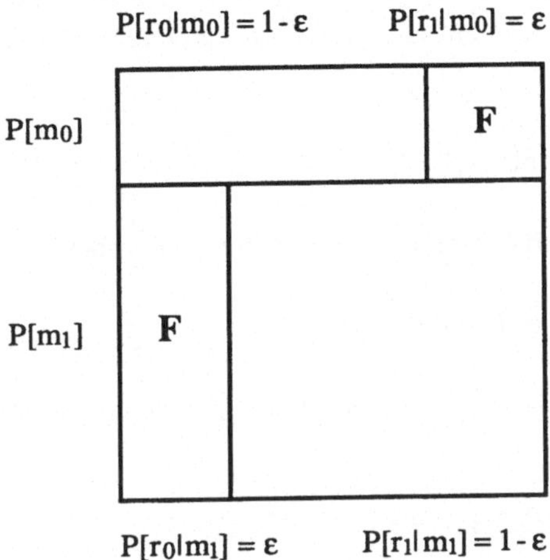

Bild 2.6: Darstellung der Fehlerwahrscheinlichkeit im Wahrscheinlichkeitsfeld

Es fällt auf, daß im Spezialfall des BSC-Kanals die Fehlerwahrscheinlichkeit $P[E]$ nicht von der Sendestatistik abhängt, sondern nur von der Kanalstatistik.

2. MAXIMUM-APOSTERIORI-EMPFÄNGER (MAP-EMPFÄNGER). Entscheidungsregel: Einem Empfangssignal r_j wird als $\hat{m}(r_j)$ jenes m_i zugeordnet, für das $P[m_i|r_j]$ maximal ist, d.h. jenes m_i, das die wahrscheinlichste Ursache für das empfangene r_j darstellt,

$$\hat{m}(r_j): \qquad P[m_i|r_j] \rightarrow \max_{m_i}.$$

Die zu vergleichenden Wahrscheinlichkeiten $P[m_i|r_j]$ müssen für unser Modell der Nachrichtenübertragung, bei dem $P[m_i]$ und $P[r_j|m_i]$ für alle i und j gegeben sind, erst berechnet werden:

$$P[m_i|r_j] = P[r_j|m_i]\frac{P[m_i]}{P[r_j]} \ .$$

Da die Maximumsuche bezüglich der m_i bei festem r_j durchgeführt wird und $P[r_j]$ somit als konstant zu betrachten ist, kann die MAP-Entscheidungsregel auch in der vereinfachten Form

$$m(r_j): \qquad P[m_i]\,P[r_j|m_i] \rightarrow \max_{m_i}$$

geschrieben werden. In die MAP-Entscheidungsregel geht auch die Sendestatistik ein; diese muß daher dem MAP-Empfänger bekannt sein, damit die Maximumsuche durchgeführt werden kann. Mit

$$P[m_i]\,P[r_j|m_i] = P[m_i r_j]$$

ergibt sich schließlich eine dritte Schreibweise der MAP-Entscheidungsregel:

$$\hat{m}(r_j): \qquad P[m_i r_j] \to \max_{m_i} .$$

In dieser Darstellung ist unmittelbar einsichtig, daß der MAP-Empfänger die Wahrscheinlichkeit

$$P[C] = \sum_{\substack{i,j \\ (r_j \to m_i\ \text{richtig})}} P[m_i r_j]$$

einer richtigen Entscheidung maximiert und somit die Fehlerwahrscheinlichkeit $P[E]=1-P[C]$ minimiert!

Wie das folgende Beispiel zeigt, führt die MAP-Regel bei stark unterschiedlichen Sendewahrscheinlichkeiten zu scheinbar paradoxen Entscheidungen. Wir betrachten einen binären Sender mit $P[m_0]=0.9$ und $P[m_1]=0.1$ sowie einen BSC-Kanal mit $\varepsilon=0.2$.

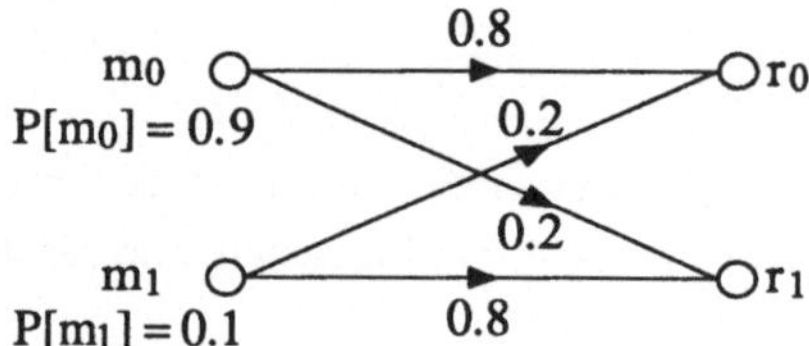

Bild 2.7: BSC-Kanal und Quelle mit stark unterschiedlichen Sendewahrscheinlichkeiten

Intuitiv würde man hier die Entscheidungsregel $\hat{m}(r_0)=m_0$, $\hat{m}(r_1)=m_1$ wählen, die im übrigen der ML-Regel entspricht. Die Wahrscheinlichkeiten der Elementar-Verbundereignisse $m_i r_j$ sind

$$P[m_0 r_0]=P[m_0]P[r_0|m_0]=0.8\cdot0.9=0.72, \quad P[m_0 r_1]=0.18, \quad P[m_1 r_0]=0.02, \quad P[m_1 r_1]=0.08 .$$

Daher ergibt sich die MAP-Entscheidungsregel wie folgt: wird r_0 empfangen, so wird wegen $P[m_0 r_0] > P[m_1 r_0]$ für m_0 entschieden; wird r_1 empfangen, so wird wegen $P[m_0 r_1] > P[m_1 r_1]$ ebenfalls für m_0 entschieden. Dies bedeutet, daß *in jedem Fall*, d.h. egal ob r_0 oder r_1 empfangen wurde, für m_0 entschieden wird und die ganze Übertragung eigentlich sinnlos ist. Trotzdem ist die Fehlerwahrscheinlichkeit beim MAP-Empfänger kleiner als beim ML-Empfänger:

$$P[E]\big|_{ML} = P[m_0 r_1] + P[m_1 r_0] = 0.2 \ , \qquad P[E]\big|_{MAP} = P[m_1 r_0] + P[m_1 r_1] = 0.1 \ .$$

Dazu wäre zu bemerken, daß in gewissen Fällen der Praxis eine minimale Fehlerwahrscheinlichkeit nicht das primäre Ziel sein kann (Beispiel: Feuerwehr – die beiden zu übertragenden Nachrichten sind "Alarm" und "kein Alarm"; hier kommt es wohl insbesondere darauf an, daß der "Alarm" möglichst sicher übertragen wird). Unterschiedliche Wertigkeiten verschiedener Fehlerereignisse können durch eine sinnvolle Verallgemeinerung des MAP-Empfängers berücksichtigt werden. Hierbei wird bei der Optimierung die zu minimierende Fehlerwahrscheinlichkeit durch eine "gewichtete Fehlerwahrscheinlichkeit" ersetzt, bei der die Wahrscheinlichkeiten der verschiedenen Fehlerereignisse mit unterschiedlichen "Kostenfaktoren" bewertet (gewichtet) werden.

Sind schließlich alle gesendeten Nachrichten m_i *gleichwahrscheinlich*, d.h.

$$P[m_i] = P_m \quad \text{für alle } i \ ,$$

dann gilt

$$P[m_i r_j] = P[m_i] \, P[r_j | m_i] = P_m \, P[r_j | m_i]$$

und somit für den MAP-Empfänger

$$P[m_i r_j] \to \max_{m_i} \quad \hat{=} \quad P[r_j | m_i] \to \max_{m_i} :$$

bei gleichwahrscheinlichen Nachrichten sind ML-Empfänger und MAP-Empfänger identisch, beide Regeln liefern dieselben Zuordnungen $r_j \to \hat{m}(r_j)$.

3. MINIMAX-EMPFÄNGER. Die Entscheidungsregel wird hier so gewählt, daß die maximale Fehlerwahrscheinlichkeit $P[E]$ (maximal bez. Variation der Sendestatistik) minimiert wird,

$$\hat{m}(r_j) : \qquad \max_{P[m_i]} P[E] \to \min \ ;$$

das bedeutet, daß die Fehlerwahrscheinlichkeit (für vorgegebenen Kanal) bei *ungün-stigster* Sendestatistik möglichst klein ist. Da $P[C]=1-P[E]$, ist eine äquivalente Formulierung, daß die minimale Wahrscheinlichkeit $P[C]$ für richtigen Empfang (minimal bez. Variation der Sendestatistik) maximal wird,

$$\hat{m}(r_j): \qquad \min_{P[m_i]} P[C] \to \max .$$

Wir führen dieses Prinzip anhand eines binären Senders mit $P[m_0]=p$, $P[m_1]=1-p$ und eines BSC-Kanals vor (s. Bild 2.8). Dazu betrachten wir alle möglichen Entschei-dungsregeln und berechnen für jede dieser Regeln die sich bei ungünstigster Sende-statistik ergebende Fehlerwahrscheinlichkeit. Die dazu nötige Variation der Sende-statistik reduziert sich dabei im hier betrachteten binären Fall auf eine Variation von p.

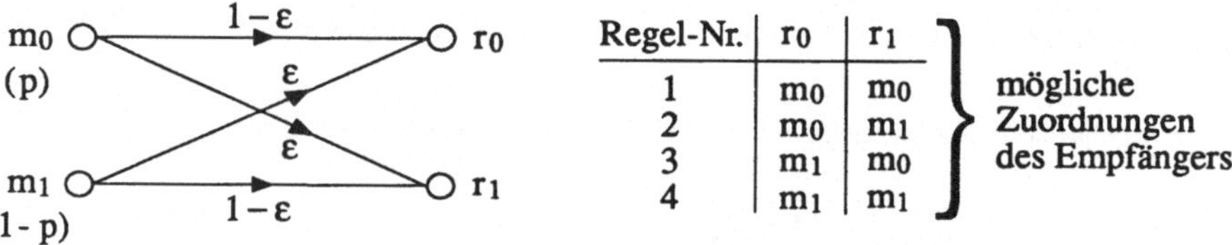

Bild 2.8: Mögliche Entscheidungsregeln für einen BSC-Kanal

Alle überhaupt möglichen Entscheidungsregeln sind in der Tabelle von Bild 2.8 zu-sammengefaßt (Regel 1 z.B. bedeutet die Zuordnungen $\hat{m}(r_0)=m_0$, $\hat{m}(r_1)=m_0$). Wir berechnen nun die Wahrscheinlichkeit $P[C]$ für eine richtige Entscheidung in Abhän-gigkeit von der Sendestatistik (Parameter p). Für Regel 1 erhalten wir

$$P_1[C] = P[m_0 r_0] + P[m_0 r_1] = P[m_0] P[r_0|m_0] + P[m_0] P[r_1|m_0] = p(1-\varepsilon) + p\varepsilon = p .$$

Analog ergibt sich für die übrigen Regeln

$$P_2[C] = 1-\varepsilon , \qquad P_3[C] = \varepsilon , \qquad P_4[C] = 1-p .$$

Diese Wahrscheinlichkeiten sind als Funktionen von p in Bild 2.9 dargestellt.

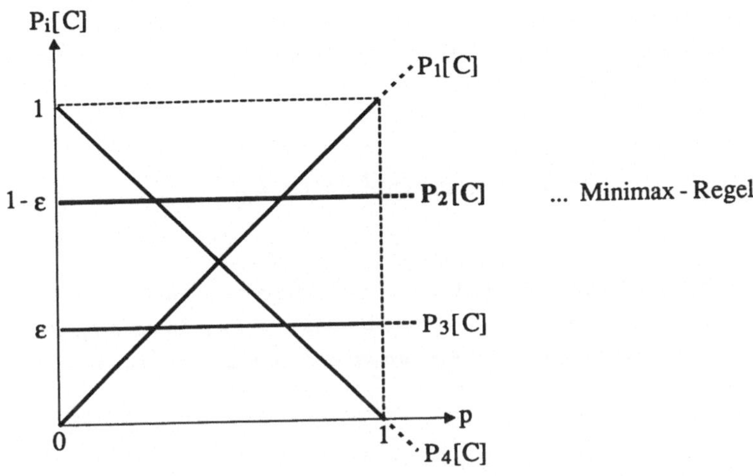

Bild 2.9: Wahrscheinlichkeiten einer fehlerfreien Übertragung über einen BSC-Kanal bei Verwendung verschiedener Entscheidungsregeln

Wir variieren nun die Sendestatistik (d.h. den Parameter p) und ermitteln die minimalen Wahrscheinlichkeiten einer richtigen Entscheidung bei der "worst case"-Sendestatistik. Wir erhalten

$$\min_p P_1[C] = 0 \ , \qquad \min_p P_2[C] = 1\text{-}\varepsilon \ , \qquad \min_p P_3[C] = \varepsilon \ , \qquad \min_p P_4[C] = 0 \ .$$

Entsprechend der Minimax-Vorschrift

$$\min_p P_i[C] \ \to \ \max_i$$

erhalten wir (abhängig von der Kanal-Übergangswahrscheinlichkeit ε) die folgenden Entscheidungsregeln als Minimax-Regel:

$$\varepsilon < 1/2 \quad \Rightarrow \quad \min_p P_2[C] > \min_p P_3[C] \quad \Rightarrow \quad \text{Regel 2}$$

$$\varepsilon = 1/2 \quad \Rightarrow \quad \min_p P_2[C] = \min_p P_3[C] \quad \Rightarrow \quad \text{Regel 2 oder Regel 3}$$

$$\varepsilon > 1/2 \quad \Rightarrow \quad \min_p P_2[C] < \min_p P_3[C] \quad \Rightarrow \quad \text{Regel 3} \ .$$

In Bild 2.9 ist die Minimax-Regel (Regel Nr. 2) für den Normalfall $\varepsilon < 1/2$ hervorgehoben.

Wie man sieht, führt diese Regel zu einem Übertragungssystem, das äußerst robust gegenüber einer Änderung der Sendestatistik ist und bei jeder Sendestatistik noch eine relativ hohe Übertragungssicherheit ($P_2[C] = 1-\varepsilon$) gewährleistet.

2.5 Entropie und Quellencodierung

INFORMATIONSGEHALT EINES SYMBOLS. Wir betrachten einen Sender (im folgenden auch **Quelle** genannt), der die Nachrichten m_i (im folgenden auch **Symbole** genannt) mit den Wahrscheinlichkeiten $P[m_i]$ abgibt. Der *Informationsgehalt $I[m_i]$* eines Symbols m_i ist definiert gemäß

$$I[m_i] = \operatorname{ld} \frac{1}{P[m_i]} = - \operatorname{ld} P[m_i] \ .$$

Die Basis des Logarithmus ist zunächst willkürlich (eine andere Basis entspricht nur einem konstanten Maßstabsfaktor); wir wählen i.a. den binären Logarithmus $\operatorname{ld}=\log_2$ und nennen dann die Einheit des Informationsgehalts 1 *bit* (Abkürzung für *binary digit*). Im Fall einer binären Quelle mit gleichwahrscheinlichen Symbolen ($P[m_0]=P[m_1]=1/2$) ist der Informationsgehalt der Symbole $I[m_0] = I[m_1] = \operatorname{ld} 2 = 1\,\mathrm{bit}$. Ein Bit entspricht also der Entscheidung zwischen zwei gleichwahrscheinlichen Ereignissen (z.B. Werfen einer Münze).

Der Informationsgehalt $I[m_i]$ ist nichtnegativ; er ist weiters eine streng monoton fallende Funktion der Symbolwahrscheinlichkeit $P[m_i]$ (gewissermaßen eine "umskalierte Wahrscheinlichkeit"): *der Informationsgehalt eines Symbols ist umso größer, je unwahrscheinlicher das Symbol ist.* Der Informationsgehalt eines mit Sicherheit auftretenden Symbols ($P[m_i]=1$) ist $I[m_i]=0$; für ein Symbol mit Wahrscheinlichkeit $P[m_i]=0$ erhalten wir dagegen $I[m_i]=\infty$.

Interpretation: der Informationsgehalt eines Symbols entspricht der "Überraschung", die das Auftreten des Symbols hervorruft. Wenn ein Symbol große Wahrscheinlichkeit hat und man dessen Auftreten deshalb schon erwartet bzw. vorhersehen kann, dann ist die durch das Symbol tatsächlich gelieferte Information gering.

Zur Motivation der Logarithmus-Funktion nehmen wir an, daß das Zufallsexperiment "Senden" N mal durchgeführt wird, wobei die einzelnen Durchführungen statistisch unabhängig sind; dabei ergibt sich die Symbolfolge $(m^{(1)}, m^{(2)}, ..., m^{(N)})$. Diese Symbolfolge kann als "zusammengesetztes Symbol" aufgefaßt werden. Gemäß der statistischen Unabhängigkeit gilt

$$P[(m^{(1)}, m^{(2)}, ..., m^{(N)})] \; = \; \prod_{n=1}^{N} P[m^{(k)}] \; ,$$

und somit folgt für den Informationsgehalt des zusammengesetzten Symbols

$$I[(m^{(1)}, m^{(2)}, ..., m^{(N)})] \; = \; \sum_{n=1}^{N} I[m^{(k)}] :$$

die Informationsgehalte der einzelnen Symbole summieren sich. Tatsächlich legt es die Anschauung nahe, daß z.B. zwei Lochkarten doppelt soviel Information speichern können als eine Lochkarte, obwohl die Anzahl der mit zwei Lochkarten darstellbaren Lochmuster das Quadrat der mit einer einzigen Lochkarte darstellbaren Lochmuster beträgt. Diese Eigenschaft der Additivität von Einzelinformationen wird *nur* bei Verwendung des Logarithmus der Wahrscheinlichkeiten gewährleistet.

ENTROPIE EINER QUELLE. Wir definieren nun den **mittleren Informationsgehalt** bzw. die **Entropie H_S** einer Quelle ("S" steht für Sender) als Mittelwert der Informationsgehalte der einzelnen Symbole (gewichtet mit den Symbolwahrscheinlichkeiten $P[m_i]$):

$$H_S \; = \; \sum_i P[m_i] \, I[m_i] = \sum_i P[m_i] \, \text{ld} \, \frac{1}{P[m_i]} = \, \sum_i P[m_i] \, \text{ld} \, P[m_i] \; .$$

Die Einheit der Entropie bei Verwendung des Logarithmus zur Basis 2 ist wieder 1 bit. Die Entropie kann interpretiert werden als Maß für die Unsicherheit darüber, welches Symbol die Quelle abgeben wird.

Eigenschaften der Entropie:

1) Die Entropie einer Quelle ist eine nichtnegative Funktion der Symbolwahrscheinlichkeiten $P[m_i]$.

2) Das *Minimum* $H_{S,min}=0$ tritt bei einer Quelle auf, bei der $P[m_i]=1$ für irgendein Symbol m_i (alle anderen Symbolwahrscheinlichkeiten sind dann 0); in diesem Fall besteht keine Unsicherheit darüber, welches Symbol die Quelle auswählt.

3) Bei vorgegebener Anzahl K der möglichen Symbole m_i ist die Entropie der Quelle *maximal*, wenn alle Symbole gleichwahrscheinlich sind:

$$H_S = H_{S,max} = \text{ld} \, K \qquad = \qquad P[m_i] = 1/K \; \text{für alle} \; i=1,..,K \; .$$

Damit gilt für die Entropie einer beliebigen Quelle mit K Symbolen die Abschätzung

$$0 \le H_S \le \text{ld } K \ .$$

4) Wir betrachten eine Quelle S mit Symbolwahrscheinlichkeiten $P[m_i]$ und Entropie H_S und leiten daraus eine neue Quelle S' mit Entropie $H_{S'}$ ab:

Fall a: wir machen die Wahrscheinlichkeiten von zwei bestimmten Symbolen m_i, m_j gleich,

$$P'[m_i] = P'[m_j] = \tfrac{1}{2}(P[m_i]+P[m_j]) \ .$$

Fall b: wir ersetzen ein bestimmtes Symbol m_i durch zwei Symbole m_{i1} und m_{i2} derart, daß

$$P'[m_{i1}] + P'[m_{i2}] = P[m_i];$$

hier hat die neue Quelle S' also um ein Symbol mehr als die alte Quelle S, wobei aber die Wahrscheinlichkeiten der übrigen Symbole m_j ($j{\neq}i$) gleich bleiben.– In beiden Fällen (a und b) ist die Entropie der neuen Quelle i.a. größer geworden, $H_{S'} \ge H_S$.

Die Entropie einer *binären* Quelle mit $P[m_0]=p$, $P[m_1]=1{-}p$ ist

$$H_S \ = \ -p \, \text{ld } p \ - \ (1{-}p) \, \text{ld}(1{-}p) \ =: \ h(p) \ .$$

Die Funktion $h(p) = -p \, \text{ld } p - (1{-}p) \, \text{ld}(1{-}p)$, die als **Entropiefunktion** bezeichnet wird, ist in Bild 2.10 dargestellt.

$$H_S = -p \, \text{ld}(p) \ - \ (1-p) \, \text{ld}(1-p) \ = \ h(p)$$

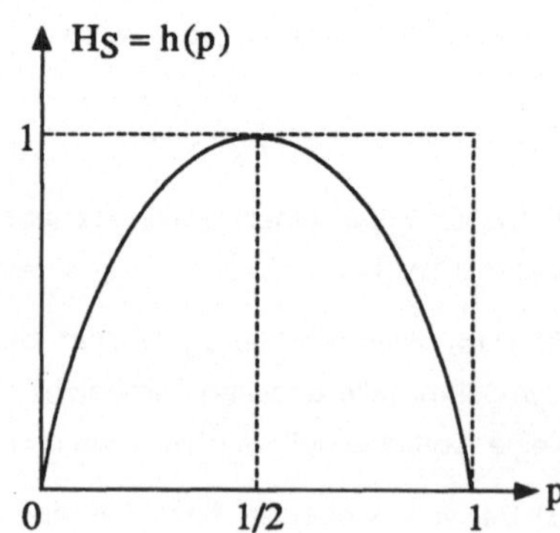

Bild 2.10: Entropiefunktion

Man verifiziert leicht, daß das Maximum $H_{S,max} = \mathrm{ld}\,2 = 1$ bit der Entropiefunktion bei $p=1/2$ auftritt. Weiters ist die Entropiefunktion $h(p)$ gerade bezüglich $p=1/2$, $h(1-p)=h(p)$.

QUELLENCODIERUNG. Die Entropie einer Quelle spielt eine wichtige Rolle beim Problem der **Quellencodierung**, d.h. der (umkehrbar eindeutigen) Codierung der Sendesymbole m_i durch (z.B.) binäre Wörter. Um die Bitrate bei der Übertragung gering zu halten, sollten die binären Wörter dabei möglichst kurz sein. Unter der Länge L_i des i-ten Codeworts (Einheit: bit) ist im folgenden die Anzahl der binären Stellen dieses Worts gemeint. Die **mittlere Codewortlänge** ist

$$L = \sum_i P[m_i]\,L_i \ ;$$

sie hängt von den Symbolwahrscheinlichkeiten $P[m_i]$ (also der Quelle) und von den einzelnen Codewortlängen L_i (und somit vom gewählten Code) ab.

Im einfachsten Fall werden alle Codewörter gleich lang gewählt. Ist K die Anzahl der verschiedenen Quellsymbole (und damit auch die Anzahl der verschiedenen Codewörter), dann sind in diesem Fall die benötigten Codewortlängen

$$L_i = \lceil \mathrm{ld}\,K \rceil \qquad \text{(kleinste ganze Zahl} \geq \mathrm{ld}\,K) \ ,$$

und die mittlere Codewortlänge ergibt sich zu

$$L = \lceil \mathrm{ld}\,K \rceil \sum_{i=1}^{K} P[m_i] = \lceil \mathrm{ld}\,K \rceil = L_i \ .$$

Im folgenden Beispiel ist K=7 und daher $L_i=L=3$ bit.

i	$P[m_i]$	Codewort
1	0.4	0 0 0
2	0.1	0 0 1
3	0.1	0 1 0
4	0.1	0 1 1
5	0.1	1 0 0
6	0.1	1 0 1
7	0.1	1 1 0

Eine Verringerung der mittleren Codewortlänge kann dadurch erreicht werden, daß man unterschiedliche Codewortlängen zuläßt und dabei nach Möglichkeit Symbolen mit größerer (kleinerer) Wahrscheinlichkeit kürzere (längere) Codewörter zuordnet. Dieses Prinzip liegt schon dem Morse-Alphabet zugrunde, bei dem der am häufigsten auftretende Buchstabe "e" durch die kürzeste Symbolfolge und seltene Buchstaben durch relativ lange Symbolfolgen codiert sind.

Im folgenden werden zwei systematische Codierverfahren aus neuerer Zeit vorgestellt. Diese Verfahren tragen auch einer weiteren Anforderung Rechnung: damit der Empfänger die einzelnen Codeworte gegeneinander abgrenzen kann, darf kein Codewort gleich dem Beginn eines anderen (längeren) Codeworts sein (Präfix-Problem).

SHANNON-FANO-CODE

1. Die Quellsymbole werden im Sinne abnehmender Wahrscheinlichkeiten geordnet.

2. Die so geordneten Quellsymbole werden fortlaufend in zwei Gruppen mit annähernd gleichen Gesamtwahrscheinlichkeiten geteilt, bis in jeder Gruppe nur mehr ein Symbol enthalten ist.

3. Bei jeder dieser Teilungen erhält die obere Gruppe eine "1" und die untere Gruppe eine "0".

Illustration anhand des obigen Beispiels:

i	$P[m_i]$					Codewort	Länge
1	0.4	1	1			1 1	2 bit
2	0.1	1	0			1 0	2 bit
3	0.1	0	1	1		0 1 1	3 bit
4	0.1	0	1	0		0 1 0	3 bit
5	0.1	0	0	1		0 0 1	3 bit
6	0.1	0	0	0	1	0 0 0 1	4 bit
7	0.1	0	0	0	0	0 0 0 0	4 bit

Es ergibt sich die mittlere Codewortlänge $L=2.7$ bit.

HUFFMAN-CODE

1. Die Quellsymbole werden im Sinne abnehmender Wahrscheinlichkeiten geordnet.

2. Die beiden Quellsymbole mit den kleinsten Wahrscheinlichkeiten werden in einer Gruppe zusammengefaßt; dabei erhält das weniger wahrscheinliche Symbol eine "1" und

das wahrscheinlichere eine "0".

3. Dieser Prozeß der Zusammenfassung der unwahrscheinlichsten Symbole bzw. Gruppen wird fortgesetzt, bis schließlich alle Symbole in einer einzigen Gruppe sind.

4. Abschließend werden alle Codewörter umgedreht (Präfix-Problem).

Illustration anhand des obigen Beispiels:

i	$P[m_i]$						Codewort vor Umdrehen	Codewort	Länge
1	0.4	0.4	0.4	0.4	0.4	0.4	1	1	1	1 bit
2	0.1	0.1	0.1	0	0.2	0.2	1	0 1 0	0 1 0	3 bit
3	0.1	0.1	0.1	1	0.2	0.2	1	1 1 0	0 1 1	3 bit
4	0.1	0.1	0	0.2	0.2	0	0 1	0 0 0 0	0 0 0 0	4 bit
5	0.1	0.1	1	0.2	0.2	0 0.6	0	1 0 0 0	0 0 0 1	4 bit
6	0.1	0	0.2	0.2	0.2	1 0.4	0	0 1 0 0	0 0 1 0	4 bit
7	0.1	1	0.2	0.2	0.2	1	0	1 1 0 0	0 0 1 1	4 bit

Es ergibt sich die mittlere Codewortlänge L=2.6 bit.

OPTIMALER CODE. In den obigen drei Beispielen fällt auf, daß die mittlere Codewortlänge L größer als die Entropie H_S der Quelle ist. Tatsächlich gilt ganz allgemein der folgende Satz: die mittlere Codewortlänge eines beliebigen Codes ist nie kleiner als die Quellentropie,

$$L \geq H_S \,,$$

wobei Gleichheit $L=H_S$ genau dann auftritt, wenn

$$P[m_i] = \left(\tfrac{1}{2}\right)^{n_i} \quad \text{und} \quad L_i = n_i \,,$$

d.h. die Wahrscheinlichkeiten der Quellsymbole sind Potenzen von 1/2 und die Codewortlängen L_i werden gleich den jeweiligen Exponenten n_i gewählt.

Für gegebene Symbolwahrscheinlichkeiten $P[m_i]$ heißt ein Code **optimal**, wenn es keinen anderen Code mit kleinerer mittlerer Codewortlänge L gibt. Die mittlere Wortlänge L_{opt} eines optimalen Codes genügt stets der Abschätzung (dies ist allerdings nicht hinreichend für die Optimalität!)

$$H_S \leq L_{opt} < H_S+1 \,.$$

Wählt man die einzelnen Codewortlängen L_i gemäß

$$I[m_i] \leq L_i < I[m_i]+1 \quad \text{bzw.} \quad L_i = |\, I[m_i]\, |\ ,$$

so erfüllt der Code die obige notwendige Bedingung für Optimalität. Es kann gezeigt werden, daß der *Huffman-Code* stets optimal ist.

Als einfaches Beispiel betrachten wir den Fall von $K=2^n$ gleichwahrscheinlichen Quellsymbolen, $P[m_i]=(1/2)^n$, sodaß $I[m_i]=n$ und $H_S=n$. Bei Wahl der Wortlängen $L_i=I[m_i]=n$ (vgl. erstes Beispiel) ergibt sich ein optimaler Code mit $L=H_S=n$.

Im Gegensatz zum Idealfall $P[m_i]=(1/2)^{n_i}$ ist im allgemeinen Fall (allgemeine Symbolwahrscheinlichkeiten $P[m_i]$) die mittlere Wortlänge L_{opt} des optimalen Codes nicht gleich H_S. Eine weitere Annäherung an die untere Schranke H_S ist jedoch möglich, wenn man die Quellsymbole m_i nicht einzeln codiert, sondern ganze Ketten $(m^{(1)}, m^{(2)}, \ldots, m^{(N)})$ zeitlich aufeinanderfolgender Symbole auf einmal codiert. Für den optimalen Code ergibt sich dann die folgende engere Abschätzung für die mittlere Wortlänge eines einzelnen Symbols:

$$H_S \leq L_{opt} < H_S + \frac{1}{N} \qquad (N\ldots\text{Länge der Symbolketten})\ .$$

Im (theoretischen) Grenzfall $N \to \infty$ ergibt sich dann tatsächlich $L_{opt}=H_S$.

2.6 Transinformation und Kanalkapazität

BEDINGTER INFORMATIONSGEHALT UND BEDINGTE ENTROPIE. Wir betrachten nun wieder die gesamte Übertragungsstrecke, d.h. Quelle (Symbolwahrscheinlichkeiten $P[m_i]$), Kanal (Übergangswahrscheinlichkeitem $P[r_j|m_i]$) und Empfänger. Wie groß ist die Unsicherheit des Empfängers über das gesendete Symbol?

Vor dem Empfang von r_j: Die "Überraschung" des Empfängers beim Auftreten eines bestimmten Symbols m_i entspricht dem Informationsgehalt

$$I[m_i] = - \operatorname{ld} P[m_i]$$

des Symbols m_i. Die (mittlere) Unsicherheit bezüglich des gesendeten Symbols ist dann der mittlere Informationsgehalt der Quelle, d.h. die Entropie

$$H_S = \sum_i P[m_i]\, I[m_i] \; .$$

Nach dem Empfang eines bestimmten r_j: Die "Überraschung" des Empfängers beim Auftreten eines bestimmten Symbols m_i entspricht dem **bedingten Informationsgehalt**

$$I[m_i|r_j] = -\,\mathrm{ld}\, P[m_i|r_j]$$

des Symbols m_i unter der Bedingung r_j. Die (mittlere) Unsicherheit bezüglich des gesendeten Symbols ist dann der mittlere bedingte Informationsgehalt der Quelle, d.h. die *bedingte Entropie*

$$H_{S|r_j} = \sum_i P[m_i|r_j]\, I[m_i|r_j]$$

des Senders unter der Bedingung r_j. Die überhaupt im Mittel nach Empfang verbleibende Unsicherheit erhält man schließlich durch Mittelung über alle Empfangssignale r_j:

$$H_{S|E} = \sum_j P[r_j]\, H_{S|r_j} = \sum_i \sum_j P[m_i|r_j]\, P[r_j]\, I[m_i|r_j] = \sum_i \sum_j P[m_i r_j]\, I[m_i|r_j] \; .$$

Dies ist die **bedingte Entropie** des Senders unter der Bedingung "Empfang". $H_{S|E}$ ist gemäß obiger Gleichung der mittlere bedingte Informationsgehalt $I[m_i|r_j]$ bei Mittelung über alle möglichen zusammengesetzten Ereignisse $(m_i r_j)$. Es kann gezeigt werden, daß die bedingte Entropie immer kleiner oder höchstens gleich der unbedingten Entropie ist,

$$H_{S|E} \le H_S \; .$$

TRANSINFORMATION. Durch den Empfang hat sich also die beim Empfänger bestehende mittlere Unsicherheit über das Sendesymbol von H_S (Unsicherheit vor Empfang) auf $H_{S|E}$ (Unsicherheit nach Empfang) reduziert. Die Differenz

$$T = H_S - H_{S|E} \ge 0$$

entspricht dann der durch den Empfang im Mittel *beseitigten Unsicherheit* und somit der im Mittel *übertragenen Information*; sie wird *mttlerer Transinformationsgehalt* (im folgenden kurz als **Transinformation** bezeichnet) genannt. Die Transinformation hängt vom Sender (Symbolwahrscheinlichkeiten $P[m_i]$) und vom Kanal (Übergangswahrscheinlichkeiten $P[r_j|m_i]$) ab.

Die Transinformation läßt sich in verschiedenen Formen anschreiben, z.B

$$T = \sum_i \sum_j P[m_i r_j]\, T[m_i, r_j]$$

mit

$$T[m_i, r_j] \;=\; I[m_i] - I[m_i|r_j] \;=\; I[r_j] - I[r_j|m_i] \;;$$

der zweite Ausdruck ergibt sich dabei aus dem ersten durch Anwendung des Bayesschen Theorems. Damit folgt auch eine weitere Schreibweise der Transinformation,

$$T = H_E - H_{E|S} \;,$$

wobei H_E und $H_{E|S}$ analog zu H_S und $H_{S|E}$ definiert sind bzw. berechnet werden können (die Symbole m_i und r_j vertauschen ihre Rollen).

Durch Kombination der beiden Ausdrücke $T = H_S - H_{S|E}$ und $T = H_E - H_{E|S}$ ergibt sich die Beziehung

$$H_E = H_S - H_{S|E} + H_{E|S}$$

zwischen der Entropie H_S der Quelle und der Entropie H_E am Empfänger. Diese Beziehung ist in Bild 2.11 anschaulich dargestellt.

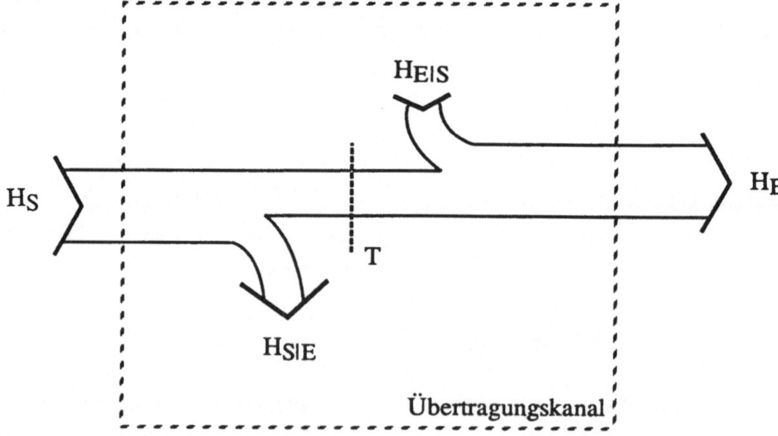

Bild 2.11: Statistische Darstellung einer gestörten Informationsübertragung

Aus der Abschätzung für die bedingte Entropie

$$0 \le H_{S|E} \le H_S$$

folgt eine Abschätzung für die Transinformation T,

$$0 \le T \le H_S \ .$$

Im Grenzfall eines *ungestörten Kanals*, bei dem die Übergangswahrscheinlichkeiten $P[r_j|m_i]$ 0 oder 1 sind, kann der Empfänger nach Empfang von r_j mit Sicherheit auf das gesendete m_i rückschließen. Nehmen wir ohne Beschränkung der Allgemeinheit an, daß $P[r_i|m_i]=1$ und $P[r_j|m_i]=0$ für $i{\neq}j$: wird m_i gesendet, dann wird sicher r_i empfangen, und der Empfänger kann mit Sicherheit auf das richtige Symbol m_i rückschließen. Man zeigt hier leicht, daß

$$H_{S|E} = 0 \qquad \text{und daher} \qquad T = H_S \ :$$

die bedingte Entropie des Senders (mittlere Unsicherheit nach Empfang) verschwindet, und die Transinformation (mittlere übertragene Information) ist somit gleich der Entropie der Quelle.

Der zweite Grenzfall ist durch einen Kanal gegeben, bei dem die Empfangssignale r_j *statistisch unabhängig* von den Quellsymbolen m_i sind, $P[r_j|m_i]=P[r_j]$ (unabhängig von m_i), sodaß de facto keine Informationsübertragung stattfindet und der Empfänger überhaupt nicht sinnvoll auf das Sendesymbol rückschließen kann. Hier erhält man

$$H_{S|E} = H_S \qquad \text{und daher} \qquad T = 0 \ :$$

es wird keine Information übertragen, und der Empfang verringert die Unsicherheit über das gesendete Symbol überhaupt nicht.

KANALKAPAZITÄT. Ist der Kanal (d.h. die Übergangswahrscheinlichkeiten $P[r_j|m_i]$) gegeben, dann erhält man für verschiedene Quellen (Symbolwahrscheinlichkeiten $P[m_i]$) i.a. verschiedene Transinformationen. Die *maximale* Transinformation, die sich bei Variation der Quelle ergibt, wird **Kanalkapazität C** genannt,

$$C = \max_{P[m_i]} T$$

Die Kanalkapazität ist also die über einen vorgegebenen Kanal übertragbare maximale

Information, die man für eine dem Kanal optimal angepaßte Quelle erhält. Die Kanalkapazität hängt nur vom Kanal, d.h. den Übergangswahrscheinlichkeiten $P[r_j|m_i]$ ab.

Wir berechnen die Kanalkapazität für den BSC-Kanal mit der Störwahrscheinlichkeit ε (s. Bild 2.12).

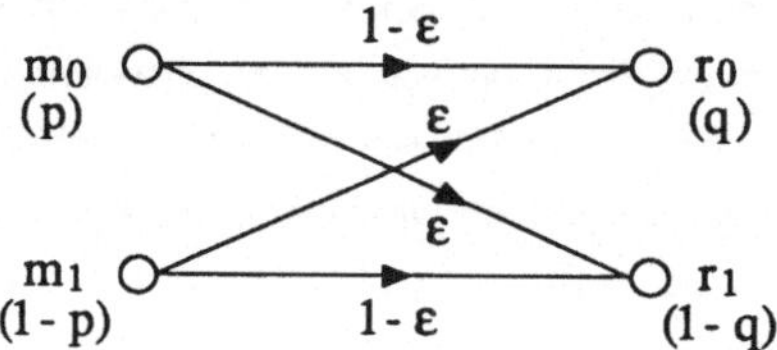

Bild 2.12: BSC-Kanal

Es gilt

$$C = \max_P T = \max_P (H_E - H_{E|S}) .$$

Die Entropie des Empfängers ist

$$H_E = h(q) = -q \operatorname{ld} q - (1-q) \operatorname{ld}(1-q)$$

mit

$$q = P[r_0] = P[r_0|m_0]P[m_0] + P[r_0|m_1]P[m_1] = (1-\varepsilon)p + \varepsilon(1-p) .$$

Für die bedingte Entropie des Empfängers gilt

$$H_{E|S} = P[m_0]H_{E|m_0} + P[m_1]H_{E|m_1}$$

mit

$$H_{E|m_0} = -P[r_0|m_0]\operatorname{ld}P[r_0|m_0] - P[r_1|m_0]\operatorname{ld}P[r_1|m_0] = -(1-\varepsilon)\operatorname{ld}(1-\varepsilon) - \varepsilon\operatorname{ld}\varepsilon = h(\varepsilon)$$

$$H_{E|m_1} = -P[r_0|m_1]\operatorname{ld}P[r_0|m_1] - P[r_1|m_1]\operatorname{ld}P[r_1|m_1] = -\varepsilon\operatorname{ld}\varepsilon - (1-\varepsilon)\operatorname{ld}(1-\varepsilon) = h(\varepsilon)$$

sodaß $\qquad H_{E|S} = h(\varepsilon)$

und schließlich

$$T = H_E - H_{E|S} = h(q) - h(\varepsilon) .$$

Die Kanalkapazität ergibt sich bei festem ε durch Variation von p als Maximalwert der Transinformation $T = T(p)$. Dieser Maximalwert ergibt sich für $p = 1/2$, denn mit $q = (1-\varepsilon)p + \varepsilon(1-p)$ folgt daraus $q = 1/2$ und $h(q) = h(1/2) = 1$. Somit erhält man für die Kanalkapazität des BSC-Kanals

$$C = 1 - h(\varepsilon) \ ,$$

wobei $h(\varepsilon)$ die Entropiefunktion ist (s. Bild 2.13). Aus der obigen Diskussion ergibt sich weiters, daß im Fall des BSC-Kanals die Kanalkapazität (maximale Transinformation) immer bei *gleichwahrscheinlichen* Quellsymbolen erreicht wird $(p=1/2)$. Das ist eine Konsequenz der Symmetrie des BSC-Kanals.

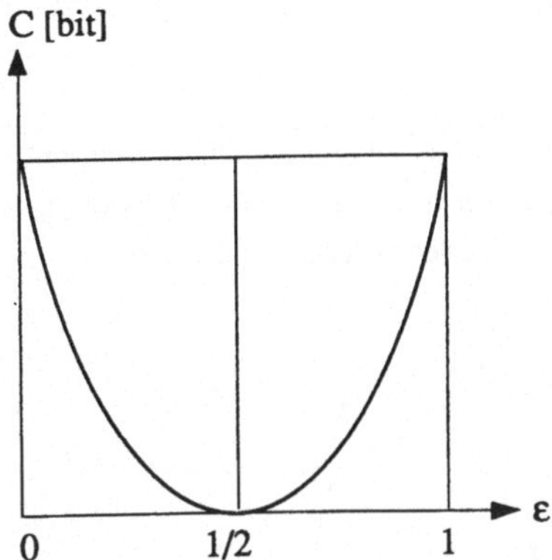

Bild 2.13: Kanalkapazität des BSC-Kanals

Mit dem Ergebnis $C = 1 - h(\varepsilon)$ folgt für die Kanalkapazität des BSC-Kanals die Abschätzung

$$0 \le C \le 1 \ .$$

Für den deterministischen Kanal ($\varepsilon=0$ bzw. $\varepsilon=1$; keine zufällige Störung) gilt $C=1$ bit; für den maximal gestörten Kanal ($\varepsilon=1/2$) gilt $C=0$ bit.

3. ZUFALLSVARIABLEN

Bei den bisher betrachteten Zufallsexperimenten entsprachen die Versuchsausgänge (Ergebnisse) nicht immer reellen Zahlen. Beim oft verwendeten Würfel war das zwar der Fall, aber statt des Würfels hätten wir ebensogut z.B. eine Münze mit den nicht-numerischen Ergebnissen "Kopf" und "Adler" werfen können. Auch die Quellsymbole m_i eines Senders entsprechen nicht unbedingt Zahlen, sondern können auch Zeichen oder Zeichenketten sein.

In diesem Kapitel ordnen wir nun den Ergebnissen ω eines Zufallsexperiments *relle Zahlen* x durch eine (nicht notwendigerweise umkehrbar eindeutige) Abbildung $x=x(\omega)$ zu. Die Ergebnisse werden also auf Punkte der Zahlengeraden abgebildet:

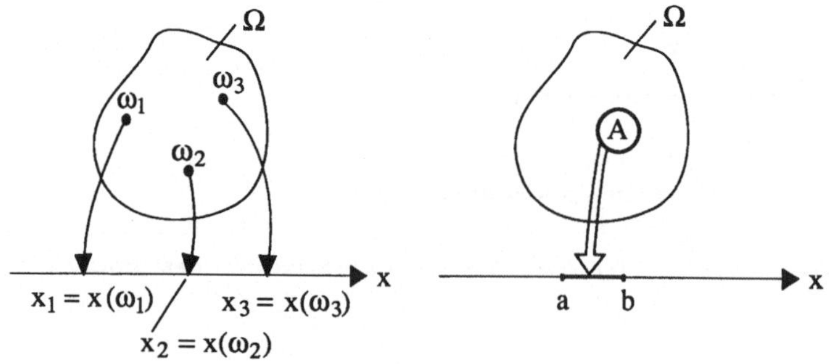

Bild 3.1: Definition einer Zufallsvariablen

Den verschiedenen *Ereignissen* entsprechen dann i.a. Vereinigungen von Intervallen bzw. isolierten Punkten der Zahlengeraden, z.B.

$$A = \{\, \omega \mid a \leq x(\omega) < b \,\}$$
$$B = \{\, \omega \mid x(\omega) = c \,\}$$
$$C = A \cup B = \{\, \omega \mid (a \leq x(\omega) < b) \text{ oder } (x(\omega) = c) \,\}$$
$$D = \{\, \omega \mid x(\omega) > d \,\}$$

Beachte, daß disjunkten (nicht überlappenden) Intervallen der Zahlengeraden stets disjunkte Ereignisse entsprechen.

Durch die Abbildung $x=x(\omega)$ erhalten wir eine zufällige Zahl $\mathbf{x}$, die *Zufallsvariable* (random variable) genannt wird. Zur Unterscheidung von determinierten Variablen verwenden wir für Zufallsvariablen fettgedruckte Buchstaben.

Eine Zufallsvariable wird somit aus einem Zufallsexperiment mit Ergebnissen ω und einer Abbildung $x=x(\omega)$ gebildet. Genaugenommen ist eine Zufallsvariable daher keine Variable, sondern eine Funktion (Abbildung) über dem Merkmalraum Ω. In vielen Fällen entsprechen die Ergebnisse eines Zufallsexperiments schon von vornherein reellen Zahlen (Beispiele: Würfel; Anzeige eines Voltmeters); hier wird die Abbildung $x=x(\omega)$ sozusagen bereits mitgeliefert. In anderen Fällen muß die Abbildung $x=x(\omega)$ explizit definiert werden: aus dem Zufallsexperiment "Werfen einer Münze" mit den Ergebnissen $\omega_1=$"Kopf" und $\omega_2=$"Adler" können wir z.B. durch die willkürliche Abbildung $x(\omega_1)=0$, $x(\omega_2)=1$ eine Zufallsvariable $\mathbf{x}$ machen.

3.1 Verteilungsfunktion und Wahrscheinlichkeitsdichtefunktion

DEFINITION. Bei einer Zufallsvariablen $\mathbf{x}$ entspricht jedem Intervall der Zahlengeraden ein Ereignis A des zugrundeliegenden Zufallsexperiments. Die *Wahrscheinlichkeit eines Intervalls* der Zahlengeraden ist daher durch die Wahrscheinlichkeit $P[A]$ des zugrundeliegenden Ereignisses A gegeben. Wir schreiben z.B.

$$P[A] = P[a \le \mathbf{x} < b] \qquad \text{für} \qquad A = \{\, \omega \mid a \le x(\omega) < b \,\} \;.$$

Im weiteren wird auf das theoretisch zugrundeliegende Ereignis A nicht mehr Bezug genommen und nur mehr von der Wahrscheinlichkeit von Intervallen gesprochen. Die konkrete Berechnung der Wahrscheinlichkeit eines Intervalls stützt sich auf die *Verteilungsfunktion* $F_{\mathbf{x}}(\xi)$ bzw. die *Wahrscheinlichkeitsdichtefunktion* $p_{\mathbf{x}}(\xi)$. Die *Verteilungsfunktion* $F_{\mathbf{x}}(\xi)$ einer Zufallsvariablen $\mathbf{x}$ ist definiert als die Wahrscheinlichkeit des Intervalls $-\infty < \mathbf{x} \le \xi$, d.h. die Wahrscheinlichkeit dafür, daß die Zufallsvariable $\mathbf{x}$ kleiner oder gleich der Zahl ξ ist,

$$F_{\mathbf{x}}(\xi) = P[\mathbf{x} \le \xi] \;.$$

Die *Wahrscheinlichkeitsdichtefunktion (WDF)* $p_{\mathbf{x}}(\xi)$ ist die Ableitung der Verteilungsfunktion:

$$p_{\mathbf{x}}(\xi) = \frac{d}{d\xi} F_{\mathbf{x}}(\xi) = \lim_{\Delta\xi \to 0} \frac{P[\xi < \mathbf{x} \le \xi + \Delta\xi]}{\Delta\xi} \quad , \qquad F_{\mathbf{x}}(\xi) = \int_{-\infty}^{\xi} p_{\mathbf{x}}(\alpha)\, d\alpha \ .$$

Gemäß $(a < \mathbf{x} \le b) = (\mathbf{x} \le b) \setminus (\mathbf{x} \le a)$ läßt sich die Wahrscheinlichkeit des Ereignisses (Intervalls) $a < \mathbf{x} \le b$ mit Hilfe der Verteilungsfunktion bzw. der WDF ausdrücken als

$$P[a < \mathbf{x} \le b] = F_{\mathbf{x}}(b) - F_{\mathbf{x}}(a) = \int_{a}^{b} p_{\mathbf{x}}(\xi)\, d\xi \ .$$

Eigenschaften der Verteilungsfunktion:

$$F_{\mathbf{x}}(\xi) \ge 0 \ ; \qquad F_{\mathbf{x}}(-\infty) = 0 \ , \quad F_{\mathbf{x}}(\infty) = 1 \ ; \qquad \xi_a < \xi_b \ \Rightarrow \ F_{\mathbf{x}}(\xi_a) \le F_{\mathbf{x}}(\xi_b) \ .$$

Eigenschaften der WDF:

$$p_{\mathbf{x}}(\xi) \ge 0 \ , \qquad p_{\mathbf{x}}(-\infty) = p_{\mathbf{x}}(\infty) = 0 \ , \qquad \int_{-\infty}^{\infty} p_{\mathbf{x}}(\xi)\, d\xi = 1 \ .$$

Die Verteilungsfunktion ist eine nichtnegative, monoton von 0 auf 1 steigende Funktion; die WDF ist eine nichtnegative Funktion mit Integral 1 ("Maßfunktion").

DISKRETE UND KONTINUIERLICHE ZUFALLSVARIABLEN. Eine Zufallsvariable $\mathbf{x}$, die nur diskrete Werte x_i mit Wahrscheinlichkeiten $P_i = P[\mathbf{x} = x_i]$ annimmt, heißt *diskret*. Für Verteilungsfunktion und WDF einer diskreten Zufallsvariable erhalten wir

$$F_{\mathbf{x}}(\xi) = \sum_i P_i\, \sigma(\xi - x_i) = \sum_{(x_i \le \xi)} P_i \ , \qquad p_{\mathbf{x}}(\xi) = \sum_i P_i\, \delta(\xi - x_i) \ ,$$

wobei $\sigma(\xi)$ und $\delta(\xi)$ jeweils Sprungfunktion und Dirac-Impuls sind. Die Verteilungsfunktion ist eine Treppenfunktion mit Sprüngen an den Stellen x_i (Sprunghöhen P_i); die WDF besteht aus Dirac-Impulsen an den Stellen x_i (Stärken P_i). Ein prominentes Beispiel ist der Würfel ($x_1 = 1, \ldots, x_6 = 6$; $P_i = 1/6$):

Eine Zufallsvariable, deren Verteilungsfunktion *stetig* ist, wird **kontinuierlich** genannt. Im Falle einer kontinuierlichen Zufallsvariablen $\mathbf{x}$ ist die Wahrscheinlichkeit eines isolierten Punktes x_0 stets 0:

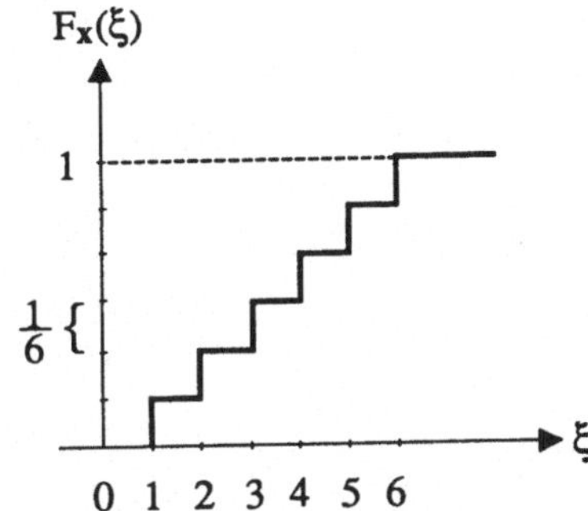
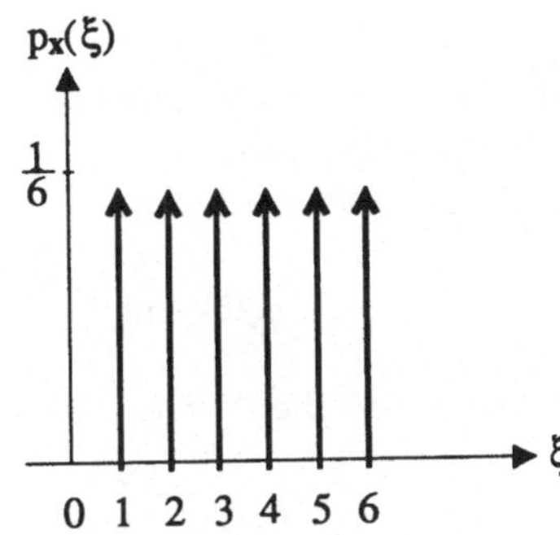

Bild 3.2: Verteilungsfunktion und WDF einer diskreten Zufallsvariablen

$$P[x=x_0] = \lim_{\varepsilon \to 0} P[x_0-\varepsilon < x \leq x_0+\varepsilon] = \lim_{\varepsilon \to 0} [\, F_x(x_0+\varepsilon) - F_x(x_0-\varepsilon)\,] = F_x(x_0) - F_x(x_0) = 0 \ ,$$

wobei die Stetigkeit der Verteilungsfunktion $F_x(\xi)$ benützt wurde.

Schließlich gibt es neben den Grundtypen diskret-kontinuierlich auch noch eine Mischform, bei der sich Verteilungsfunktion bzw. Wahrscheinlichkeitsdichtefunktion in einen "kontinuierlichen" und einen "diskreten" Anteil zerlegen lassen,

$$F_x(\xi) = F_c(\xi) + F_d(\xi) \ , \ p_x(\xi) = p_c(\xi) + p_d(\xi) \ .$$

Wir illustrieren eine solche "kombinierte" Zufallsvariable durch das folgende Beispiel. Eine kontinuierliche Zufallsvariable **x** wird durch "Begrenzung" in eine Zufallsvariable **y** umgewandelt gemäß

$$y = \begin{cases} a, & x<a \\ x, & a \leq x \leq b \\ b, & x>b \end{cases}$$

Für die WDF von **y** gilt zunächst

$$p_y(\xi) = \begin{cases} 0, & \xi<a \\ p_x(\xi), & a<\xi<b \\ 0, & \xi>b \end{cases}$$

denn **y** nimmt Werte <a bzw. >b nie an und stimmt zwischen a und b mit **x** überein. Andererseits wird das gesamte Intervall $-\infty<x<a$ auf den Punkt **y**=a abgebildet, weshalb die Ereignisse $-\infty<x<a$ und **y**=a identisch sind und insbesondere gleiche Wahrscheinlichkeit haben,

$$P[y=a] = P[-\infty < x < a] = \int_{-\infty}^{a} p_x(\xi)\, d\xi \; .$$

$P[y=a]$ ist also i.a. ungleich 0; dies bedeutet, daß die WDF $p_y(\xi)$ einen diskreten Anteil $P[y=a]\delta(\xi-a)$ an der Stelle a enthält. Analoges gilt für die Stelle b. Somit erhalten wir für $p_y(\xi)$ als endgültiges Ergebnis

$$p_y(\xi) = p_c(\xi) + p_d(\xi)$$

mit dem "kontinuierlichen" Anteil

$$p_c(\xi) = \begin{cases} 0, & \xi < a \\ p_x(\xi), & a < \xi < b \\ 0, & \xi > b \end{cases} , \qquad p_c(a) \text{ und } p_c(b) \text{ beliebig ,}$$

und dem "diskreten" Anteil

$$p_d(\xi) = P[y=a]\,\delta(\xi-a) + P[y=b]\,\delta(\xi-b)$$

mit

$$P[y=a] = \int_{-\infty}^{a} p_x(\xi)\, d\xi \; , \qquad P[y=b] = \int_{b}^{\infty} p_x(\xi)\, d\xi \; .$$

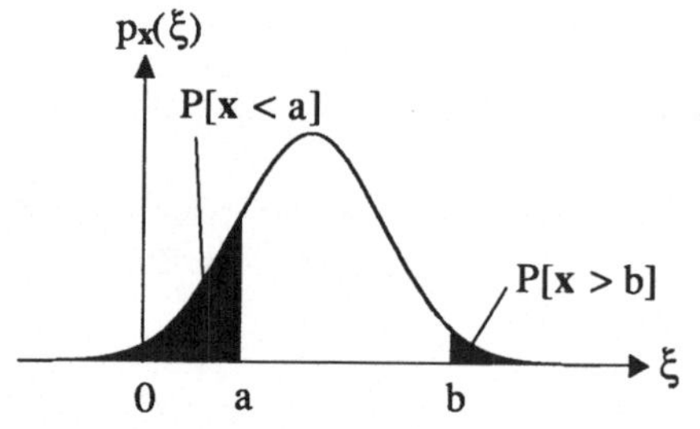

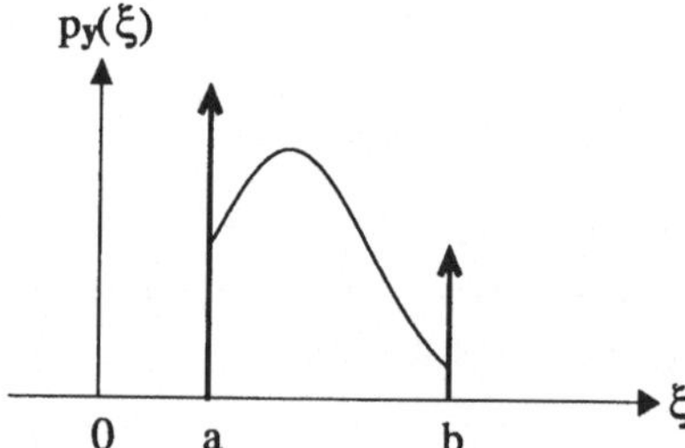

Bild 3.3: Änderung der WDF bei Amplitudenbegrenzung der Zufallsvariablen

MEHRDIMENSIONALE ZUFALLSVARIABLEN. Wir betrachten nun ein zusammengesetztes Zufallsexperiment (s. Abschnitt 2.3) mit Ergebnissen $(\omega_1\omega_2)$. Über Abbildungen $x_1 = x_1(\omega_1)$, $x_2 = x_2(\omega_2)$ werden den Ergebnissen ω_1 bzw. ω_2 der einzelnen Zufallsexperimente reelle Zahlen x_1 bzw. x_2 zugeordnet. Damit erhalten wir eine **zweidimensionale Zufallsvariable** (x_1, x_2). Die *Verteilungsfunktion* $F_{x_1, x_2}(\xi_1, \xi_2)$ ist definiert als die Wahrscheinlichkeit des zusammengesetzten Ereignisses $\{(\omega_1\omega_2)|(x_1(\omega_1)\leq\xi_1)$, $(x_2(\omega_2)\leq\xi_2)\}$, das dem durch $x_1\leq\xi_1$, $x_2\leq\xi_2$ definierten Gebiet in der (ξ_1,ξ_2)-Ebene entspricht,

$$F_{x_1,x_2}(\xi_1,\xi_2) = P[(x_1\leq\xi_1)\cap(x_2\leq\xi_2)] \ .$$

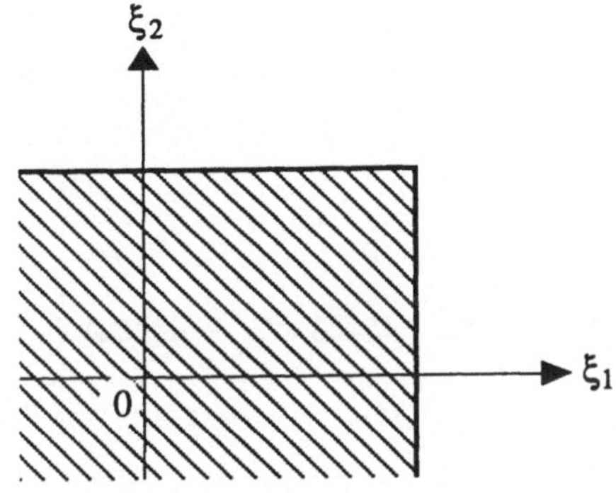

Bild 3.4: Definition der Verteilungsfunktion einer zweidimensionalen Zufallsvariablen

Die Wahrscheinlichkeitsdichtefunktion (WDF) $p_{x_1,x_2}(\xi_1,\xi_2)$ erhält man durch Ableitung der Verteilungsfunktion:

$$p_{x_1,x_2}(\xi_1,\xi_2) = \frac{\partial}{\partial\xi_1}\frac{\partial}{\partial\xi_2} F_{x_1,x_2}(\xi_1,\xi_2) \ , \quad F_{x_1,x_2}(\xi_1,\xi_2) = \int_{-\infty}^{\xi_1}\int_{-\infty}^{\xi_2} p_{x_1,x_2}(\alpha_1,\alpha_2)\, d\alpha_1 d\alpha_2 \ .$$

Wir bezeichnen $p_{x_1,x_2}(\xi_1,\xi_2)$ auch als die **Verbund-WDF** der beiden Zufallsvariablen x_1 und x_2. Die Wahrscheinlichkeit des Ereignisses (rechteckigen Gebietes) $(a_1<x_1\leq b_1)\cap$ $(a_2<x_2\leq b_2)$ läßt sich mit Hilfe der Verteilungsfunktion bzw. der WDF ausdrücken als

$$P[(a_1<x_1\leq b_1)\cap(a_2<x_2\leq b_2)] = F_{x_1,x_2}(b_1,b_2) - F_{x_1,x_2}(a_1,b_2) - F_{x_1,x_2}(b_1,a_2) + F_{x_1,x_2}(a_1,a_2)$$

$$= \int_{a_1}^{b_1}\int_{a_2}^{b_2} p_{x_1,x_2}(\alpha_1,\alpha_2)\, d\alpha_1 d\alpha_2 \ .$$

Für ein allgemeineres Gebiet G der (ξ_1,ξ_2)-Ebene gilt

$$P[(x_1,x_2)\epsilon G] = \iint_G p_{x_1,x_2}(\alpha_1,\alpha_2)\, d\alpha_1 d\alpha_2 \ .$$

Eigenschaften der Verteilungsfunktion:

$$F_{x_1,x_2}(\xi_1,\xi_2) \geq 0 \;,$$

$$F_{x_1,x_2}(-\infty,\xi_2) = F_{x_1,x_2}(\xi_1,-\infty) = 0, \qquad F_{x_1,x_2}(\infty,\infty) = 1 \;,$$

$$F_{x_1,x_2}(\xi_1,\infty) = F_{x_1}(\xi_1) \;, \qquad F_{x_1,x_2}(\infty,\xi_2) = F_{x_2}(\xi_2) \;,$$

$$\xi_{1a} < \xi_{1b} \text{ und } \xi_{2a} < \xi_{2b} \quad \Rightarrow \quad F_{x_1,x_2}(\xi_{1a},\xi_{2a}) \leq F_{x_1,x_2}(\xi_{1a},\xi_{2b}) \leq F_{x_1,x_2}(\xi_{1b},\xi_{2b})$$

Eigenschaften der WDF:

$$p_{x_1,x_2}(\xi_1,\xi_2) \geq 0 \;,$$

$$p_{x_1,x_2}(\pm\infty,\xi_2) = p_{x_1,x_2}(\xi_1,\pm\infty) = 0 \;,$$

$$\int_{-\infty}^{\infty} p_{x_1,x_2}(\xi_1,\xi_2)\,d\xi_2 = p_{x_1}(\xi_1) \;, \qquad \int_{-\infty}^{\infty} p_{x_1,x_2}(\xi_1,\xi_2)\,d\xi_1 = p_{x_2}(\xi_2) \;,$$

$$\int_{-\infty}^{\infty}\int_{-\infty}^{\infty} p_{x_1,x_2}(\xi_1,\xi_2)\,d\xi_1 d\xi_2 = 1 \;.$$

Wir stellen insbesondere fest, daß sich die eindimensionalen WDFs (die sog. *Rand-dichten*) $p_{x_1}(\xi_1)$ und $p_{x_2}(\xi_2)$ durch Integration nach der jeweils wegfallenden Variablen aus der zweidimensionalen WDF $p_{x_1,x_2}(\xi_1,\xi_2)$ berechnen lassen.

Definition und Beschreibung zweidimensionaler Zufallsvariablen (x_1,x_2) lassen sich erweitern auf den allgemeinen Fall N-dimensionaler Zufallsvariablen $(x_1,x_2,...,x_N)$. Verteilungsfunktion und WDF sind hier N-dimensionale Funktionen

$$F_{x_1,x_2,...,x_N}(\xi_1,\xi_2,...,\xi_N) \quad \text{bzw.} \quad p_{x_1,x_2,...,x_N}(\xi_1,\xi_2,...,\xi_N) \;.$$

GLEICHVERTEILUNG UND GAUß-VERTEILUNG. Abschließend stellen wir zwei spezielle Zufallsvariablen vor, die in verschiedenen Anwendungen eine wichtige Rolle spielen. Die WDFs dieser speziellen Zufallsvariablen sind vorgegebene Funktionen, die zwei (einstellbare) Parameter a und b bzw. μ und σ^2 enthalten.

Gleichverteilung:

$$p_x(\xi) = \begin{cases} \frac{1}{b-a} \;, & a < \xi < b \\ 0 \text{ sonst} \end{cases}$$

$$F_{\mathbf{x}}(\xi) = \begin{cases} 0, & \xi \le a \\ \frac{1}{b-a}(\xi-a), & a < \xi < b \\ 1, & \xi \ge b \end{cases}$$

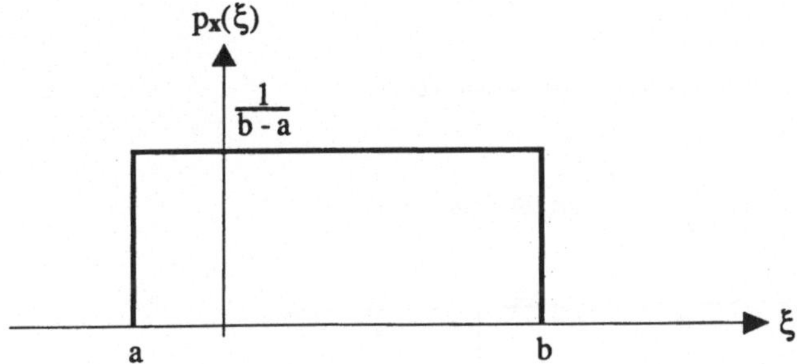

Bild 3.5: WDF einer gleichverteilten Zufallsvariablen

GauΒ-Verteilung (Normalverteilung):

$$p_{\mathbf{x}}(\xi) = \frac{1}{\sqrt{2\pi}\,\sigma}\, e^{-\frac{1}{2}\left(\frac{\xi-\mu}{\sigma}\right)^2} \qquad (\sigma > 0)$$

$$F_{\mathbf{x}}(\xi) = 1 - Q\!\left(\frac{\xi-\mu}{\sigma}\right)$$

mit

$$Q(\xi) = \frac{1}{\sqrt{2\pi}} \int\limits_{\xi}^{\infty} e^{-\frac{\alpha^2}{2}}\, d\alpha \qquad \text{(tabelliert)}$$

Die Parameter μ und σ^2 sind der *Mittelwert* und die *Varianz* der Zufallsvariablen **x** (s. Abschnitt 3.4). Andere, mit der Q-Funktion eng verwandte tabellierte Funktionen (sog. Fehlerfunktionen) sind

$$\mathrm{erf}\,(\xi) = \frac{2}{\sqrt{\pi}} \int\limits_{0}^{\xi} e^{-\alpha^2}\, d\alpha \qquad \text{(''error function'')},$$

$$\mathrm{erfc}\,(\xi) = \frac{2}{\sqrt{\pi}} \int\limits_{\xi}^{\infty} e^{-\alpha^2}\, d\alpha = 2\,Q(\sqrt{2}\,\xi) \qquad \text{(''complementary error function'')}.$$

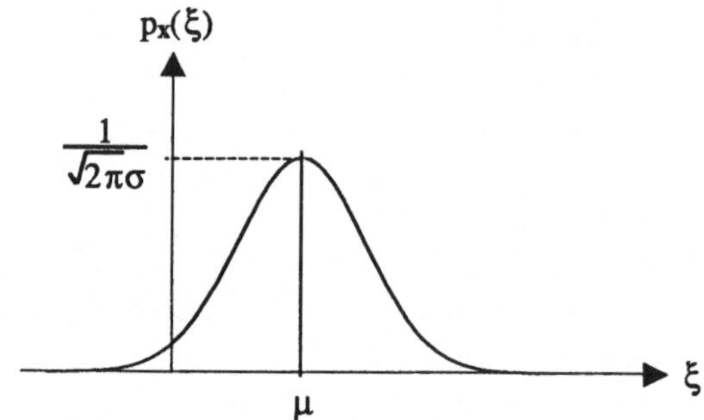

Bild 3.6: WDF einer Gauß-verteilten Zufallsvariablen

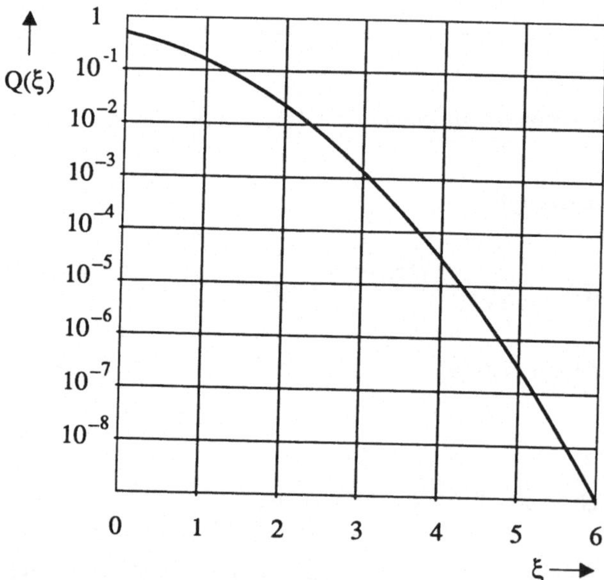

Bild 3.7: Q-Funktion

Es gilt

$$Q(\xi) = \frac{1}{2}\left[1 - \mathrm{erf}\left(\frac{\xi}{\sqrt{2}}\right)\right] = \frac{1}{2}\mathrm{erfc}\left(\frac{\xi}{\sqrt{2}}\right) ,$$

$$Q(-\xi) = 1 - Q(\xi) , \qquad \mathrm{erf}(-\xi) = \mathrm{erf}(\xi) = 1 - \mathrm{erfc}(\xi) .$$

3.2 Transformation von Zufallsvariablen

Gegeben sei eine Zufallsvariable x mit WDF $p_x(\xi)$. Ist $g(x)$ eine beliebige Funktion, dann ist durch die Transformation $y=g(x)$ eine neue Zufallsvariable y auf folgende Weise gegeben. Es sei ω ein Versuchsausgang (Ergebnis) des der Zufallsvariablen x zugrundeliegenden Zufallsexperiments; die Zufallsvariable x ist wie bisher durch die Abbildung $x=x(\omega)$ definiert. Die neue Zufallsvariable y ist dann durch die Abbildung $y=y(\omega)=g(x(\omega))$ definiert. Im folgenden berechnen wir die WDF $p_y(\eta)$ der neuen Zufallsvariablen y in Abhängigkeit von der WDF $p_x(\xi)$ der ursprünglichen Zufallsvariablen x.

TRANSFORMATION DER WDF. Für ein gegebenes η habe die Gleichung $g(\xi)=\eta$ die Lösungen ξ_i (genau eine Lösung erhalten wir für jedes η nur dann, wenn die Funktion g umkehrbar eindeutig ist). Gemäß Bild 3.8 läßt sich das Ereignis $(\eta<y\leq\eta+\Delta\eta)$ mit Wahrscheinlichkeit

$$P[\eta<y\leq\eta+\Delta\eta] \approx p_y(\eta)\,\Delta\eta$$

darstellen als die Vereinigung

$$(\eta<y\leq\eta+\Delta\eta) = \bigcup_{g(\xi_i)=\eta} A_i$$

der Ereignisse

$$A_i = \begin{cases} (\xi_i<x\leq\xi_i+\Delta\xi_i) & \text{wenn } g(\xi) \text{ in der Umgebung von } \xi_i \text{ steigend} \\ (\xi_i-\Delta\xi_i<x\leq\xi_i) & \text{wenn } g(\xi) \text{ in der Umgebung von } \xi_i \text{ fallend} \end{cases}$$

mit den Wahrscheinlichkeiten

$$P[A_i] \approx p_x(\xi_i)\,\Delta\xi_i \ .$$

Da die Ereignisse A_i sämtlich disjunkt sind, folgt

$$p_y(\eta)\,\Delta\eta \approx P[\eta<y\leq\eta+\Delta\eta] = \sum_{g(\xi_i)=\eta} P[A_i] \approx \sum_{g(\xi_i)=\eta} p_x(\xi_i)\,\Delta\xi_i$$

und somit

$$p_y(\eta) \approx \sum_{g(\xi_i)=\eta} p_x(\xi_i)\,\frac{\Delta\xi_i}{\Delta\eta}$$

mit exakter Gleichheit für $\Delta\eta\to0$ bzw. $\Delta\xi_i\to0$. Ist die Funktion $g(x)$ an den Stellen ξ_i

differenzierbar, dann erhalten wir mit

$$\lim_{\Delta\eta \to 0} \frac{\Delta\xi_i}{\Delta\eta} = \frac{1}{|g'(\xi_i)|}$$

das gesuchte Ergebnis

$$p_\mathbf{y}(\eta) = \sum_{g(\xi_i)=\eta} \frac{p_\mathbf{x}(\xi_i)}{|g'(\xi_i)|} \ .$$

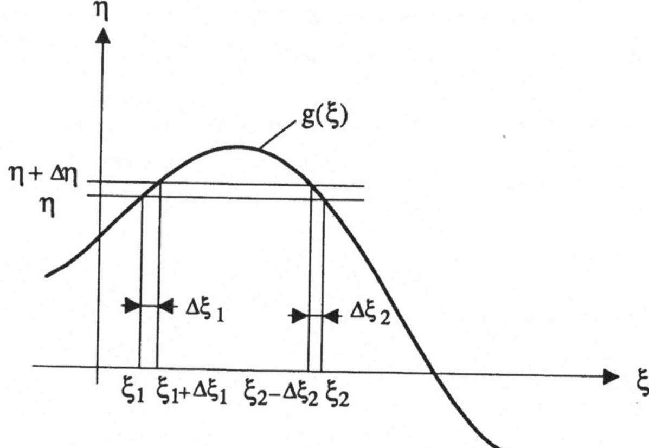

Bild 3.8: Transformation einer Zufallsvariablen

Um die WDF von **y** als Funktion von η zu erhalten, müssen noch die Stellen ξ_i entsprechend dem jeweiligen Zweig der Umkehrfunktion $\xi = g^{-1}(\eta)$ als Funktionen von η ausgedrückt werden.

Hat die Gleichung $g(\xi)=\eta$ überhaupt keine Lösung, dann ist $p_\mathbf{y}(\eta) = 0$.

BEISPIELE. 1) *Affine Transformation*

$$\mathbf{y} = g(\mathbf{x}) = a\mathbf{x}+b \qquad \text{(a und b sind determinierte Parameter)}.$$

Die Funktion g ist umkehrbar eindeutig; die Gleichung $g(\xi)=\eta$ hat daher für jedes η genau eine Lösung

$$\xi = g^{-1}(\eta) = \frac{\eta-b}{a} \quad .$$

Mit $g'(\xi)=a$ erhalten wir somit

$$p_y(\eta) = \frac{1}{|a|}\, p_x(\xi)\Big|_{\xi=g^{-1}(\eta)} = \frac{1}{|a|}\, p_x\!\left(\frac{\eta-b}{a}\right).$$

2) *Zufällige Abtastung einer Sinusfunktion.* Die Zufallsvariable **y** sei der Abtastwert der Sinusfunktion y=sin(x) an einer zufällig gewählten Stelle **x**,

$$\mathbf{y} = g(\mathbf{x}) = \sin\mathbf{x}\,,$$

wobei **x** eine Zufallsvariable mit vorgegebener WDF $p_x(\xi)$ ist. Offensichtlich gilt zunächst

$$p_y(\eta) = 0 \quad \text{für} \quad |\eta| > 1\,,$$

da die Gleichung $g(\xi)=\eta$ für $|\eta|>1$ keine Lösung hat. Für $|\eta|<1$ erhalten wir dagegen unendlich viele Lösungen $\xi_i = \arcsin\eta$.

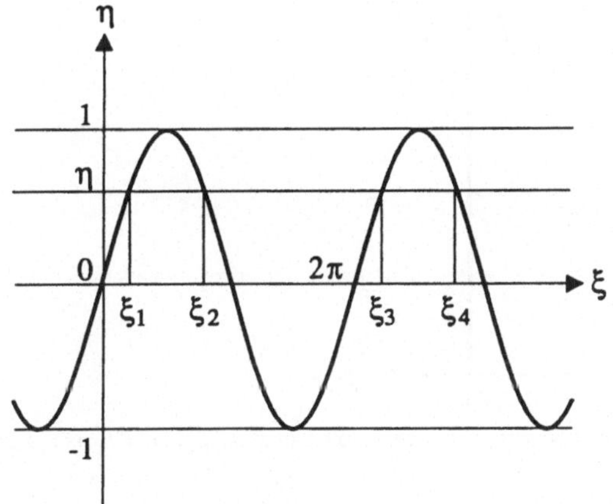

Bild 3.9: Zufällige Abtastung einer Sinusfunktion

Mit den Ableitungen

$$g'(\xi_i) = \cos\xi_i = \pm\sqrt{1-\sin^2\xi_i} = \pm\sqrt{1-\eta^2}$$

erhalten wir schließlich

$$p_y(\eta) = \frac{1}{\sqrt{1-\eta^2}} \sum_{\xi_i=\arcsin\eta} p_x(\xi_i) \qquad \text{für} \quad |\eta| < 1\,.$$

Wir nehmen nun als Spezialfall an, daß die Abtaststelle **x** gleichverteilt innerhalb einer Periodenlänge des Sinus ist,

$$p_{\mathbf{x}}(\xi) = \begin{cases} \frac{1}{2\pi}, & |\xi| < \pi \\ 0, & |\xi| > \pi \end{cases} .$$

Im Intervall $|\xi| < \pi$ liegen genau zwei Lösungen ξ_i der Gleichung $\sin \xi = \eta$; somit gilt

$$\sum_{\xi_i = \arcsin \eta} p_{\mathbf{x}}(\xi_i) = \frac{1}{2\pi} + \frac{1}{2\pi} \qquad \text{für} \quad |\eta| < 1$$

und damit

$$p_{\mathbf{y}}(\eta) = \frac{1}{\pi} \frac{1}{\sqrt{1-\eta^2}} \qquad \text{für} \quad |\eta| < 1 .$$

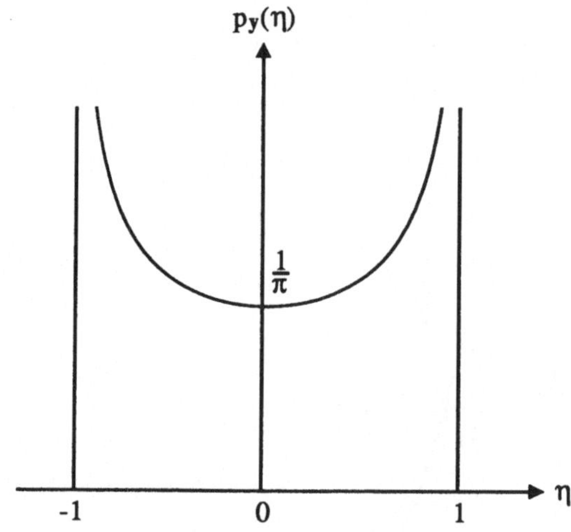

Bild 3.10: WDF des Abtastwerts einer Sinusfunktion bei zufälligem Abtastzeitpunkt

3.3 Bedingte Wahrscheinlichkeitsdichtefunktion – optimale Entscheidungsgrenze

DEFINITIONEN UND BEZIEHUNGEN. Gegeben seien eine Zufallsvariable **x** und ein Ereignis A, das sich entweder auf die Zufallsvariable **x** selbst bezieht (z.B. A=(x>c)) oder sich auf ein anderes Zufallsexperiment bezieht. Wir definieren die ***bedingte Verteilungsfunktion*** $F_{\mathbf{x}}(\xi|A)$ als die bedingte Wahrscheinlichkeit des Ereignisses $x \leq \xi$,

$$F_{\mathbf{x}}(\xi|A) = P[x \leq \xi \,|\, A] = \frac{P[(x \leq \xi) \cap A]}{P[A]} ,$$

und die ***bedingte WDF*** $p_{\mathbf{x}}(\xi|A)$ als Ableitung der bedingten Verteilungsfunktion,

$$p_{\mathbf{x}}(\xi|A) = \frac{d}{d\xi} F_{\mathbf{x}}(\xi|A) = \lim_{\Delta\xi\to 0} \frac{P[\xi<\mathbf{x}\le\xi+\Delta\xi\,|\,A]}{\Delta\xi} \ .$$

Damit läßt sich die bedingte Wahrscheinlichkeit des Ereignisses $a<\mathbf{x}\le b$ aus der bedingten Verteilungsfunktion bzw. bedingten WDF in gewohnter Weise berechnen,

$$P[a<\mathbf{x}\le b|A] = F_{\mathbf{x}}(b|A) - F_{\mathbf{x}}(a|A) = \int_a^b p_{\mathbf{x}}(\xi|A)\,d\xi \ .$$

Auch sonst erfüllen die bedingten Größen alle Eigenschaften von Verteilungsfunktionen bzw. WDFs, z.B.

$$p_{\mathbf{x}}(\xi|A) \ge 0 \ , \qquad p_{\mathbf{x}}(\pm\infty|A) = 0 \ , \qquad \int_{-\infty}^{\infty} p_{\mathbf{x}}(\xi|A)\,d\xi = 1 \ .$$

Analog zu den bedingten Wahrscheinlichkeiten (vgl. Abschnitt 2.2) gelten die folgenden Beziehungen:

$$P[A|\mathbf{x}=\xi] = p_{\mathbf{x}}(\xi|A)\,\frac{P[A]}{p_{\mathbf{x}}(\xi)} \qquad\qquad \text{(Bayes-Theorem)} \ ,$$

$$p_{\mathbf{x}}(\xi) = \sum_i p_{\mathbf{x}}(\xi|A_i)\,P[A_i] \qquad \text{für } A_iA_j=\emptyset \ (i\ne j) \text{ und } \bigcup_i A_i=\Omega$$

$$\text{(Satz von der vollst. Wahrscheinlichkeit)} \ .$$

Übrigens gilt auch umgekehrt

$$P[A] = \int_{-\infty}^{\infty} P[A|\mathbf{x}=\xi]\,p_{\mathbf{x}}(\xi)\,d\xi \ .$$

Gegeben seien weiters zwei Zufallsvariablen $\mathbf{x}_1$, $\mathbf{x}_2$ mit Verbund-WDF $p_{\mathbf{x}_1,\mathbf{x}_2}(\xi_1,\xi_2)$. Wir interessieren uns für die bedingte WDF $p_{\mathbf{x}_1}(\xi_1|A)$ mit dem speziellen Ereignis $A=(\mathbf{x}_2=\xi_2)$. Da i.a. $P[A]=P[\mathbf{x}_2=\xi_2]=0$, führt das Bayes-Theorem auf eine unbestimmte Form. Wir benötigen daher eine eigene Ableitung und betrachten dazu zunächst die bedingte Wahrscheinlichkeit des Ereignisses $a<\mathbf{x}_1\le b$ unter der Bedingung $\xi_2<\mathbf{x}_2\le\xi_2+\Delta\xi$ mit kleinem $\Delta\xi$. Es gilt

$$P[a<\mathbf{x}_1\le b \,|\, \xi_2<\mathbf{x}_2\le\xi_2+\Delta\xi] \ = \ \frac{P[\,(a<\mathbf{x}_1\le b)\cap(\xi_2<\mathbf{x}_2\le\xi_2+\Delta\xi)\,]}{P[\xi_2<\mathbf{x}_2\le\xi_2+\Delta\xi]} \ =$$

$$= \frac{\int\limits_{\alpha=a}^{b} \int\limits_{\beta=\xi_2}^{\xi_2+\Delta\xi} p_{x_1,x_2}(\alpha,\beta)\, d\alpha\, d\beta}{\int\limits_{\beta=\xi_2}^{\xi_2+\Delta\xi} p_{x_2}(\beta)\, d\beta} \approx \frac{\int\limits_{\alpha=a}^{b} p_{x_1,x_2}(\alpha,\xi_2)\, d\alpha\; \Delta\xi}{p_{x_2}(\xi_2)\,\Delta\xi}\ .$$

Für $\Delta\xi \to 0$ erhält man somit

$$P[\,a<x_1\le b \mid x_2=\xi_2\,] \;=\; \frac{\int\limits_{\alpha=a}^{b} p_{x_1,x_2}(\alpha,\xi_2)\, d\alpha}{p_{x_2}(\xi_2)}\ .$$

Wir führen nun die **bedingte WDF** (Version 2)

$$p_{x_1|x_2}(\xi_1| \xi_2) \;=\; \frac{p_{x_1,x_2}(\xi_1,\xi_2)}{p_{x_2}(\xi_2)}$$

ein; die bedingte Wahrscheinlichkeit $P[\,a<x_1\le b \mid x_2=\xi_2\,]$ läßt sich dann in gewohnter Weise als Integral der bedingten WDF anschreiben:

$$P[\,a<x_1\le b \mid x_2=\xi_2\,] \;=\; \int\limits_{a}^{b} p_{x_1|x_2}(\xi_1| \xi_2)\, d\xi_1\ .$$

Die bedingte WDF $p_{x_1|x_2}(\xi_1| \xi_2)$ erfüllt alle Eigenschaften herkömmlicher WDFs:

$$p_{x_1|x_2}(\xi_1| \xi_2) \ge 0\,, \qquad p_{x_1|x_2}(\pm\infty | \xi_2) = 0\,, \qquad \int\limits_{-\infty}^{\infty} p_{x_1|x_2}(\xi_1| \xi_2)\, d\xi_1 = 1\ .$$

Analog zu den bedingten Wahrscheinlichkeiten (vgl. Abschnitt 2.2) gelten die folgenden Beziehungen:

$$p_{x_1,x_2}(\xi_1,\xi_2) \;=\; p_{x_1|x_2}(\xi_1| \xi_2)\, p_{x_2}(\xi_2) \;=\; p_{x_2|x_1}(\xi_2| \xi_1)\, p_{x_1}(\xi_1)\,,$$

$$p_{x_2|x_1}(\xi_2| \xi_1) \;=\; p_{x_1|x_2}(\xi_1| \xi_2)\, \frac{p_{x_2}(\xi_2)}{p_{x_1}(\xi_1)} \qquad \text{(Bayes-Theorem)}\,,$$

$$p_{x_1}(\xi_1) \;=\; \int\limits_{-\infty}^{\infty} p_{x_1|x_2}(\xi_1| \xi_2)\, p_{x_2}(\xi_2)\, d\xi_2 \qquad \text{(Satz von der vollst. Wahrscheinlichkeit)}$$

Ist die Zufallsvariable x_2 *diskret*, d.h. sie nimmt die diskreten Werte x_{2i} mit Wahrscheinlichkeiten $P[x_2=x_{2i}]$ an, dann kann die obige Dichte-Version des Bayes-Theorems ersetzt werden durch die "Mischform" (s.o.)

$$P[x_2=x_{2i}|x_1=\xi_1] = p_{x_1|x_2}(\xi_1|x_{2i}) \frac{P[x_2=x_{2i}]}{p_{x_1}(\xi_1)} \ .$$

STATISTISCHE UNABHÄNGIGKEIT. Zwei Zufallsvariablen x_1, x_2 heißen ***statistisch unabhängig***, wenn die bedingte WDF der einen Zufallsvariablen gleich der "unbedingten" WDF ist und daher nicht von der Bedingung bez. der anderen Zufallsvariablen abhängt,

$$p_{x_1|x_2}(\xi_1|\xi_2) = p_{x_1}(\xi_1) \ , \qquad p_{x_2|x_1}(\xi_2|\xi_1) = p_{x_2}(\xi_2)$$

(die Äquivalenz dieser beiden Bedingungen folgt wieder aus dem Bayes-Theorem). Die Verbund-WDF zweier statistisch unabhängiger Zufallsvariablen ist gleich dem Produkt der beiden einzelnen WDFs:

$$p_{x_1,x_2}(\xi_1,\xi_2) = p_{x_1}(\xi_1)\,p_{x_2}(\xi_2) \ .$$

In diesem Zusammenhang sei betont, daß zur vollständigen Beschreibung zweier Zufallsvariablen x_1, x_2 die einzelnen WDFs $p_{x_1}(\xi_1)$, $p_{x_2}(\xi_2)$ i.a. *nicht* ausreichen, da diese nichts über die statistischen Abhängigkeiten zwischen den Zufallsvariablen aussagen. Diese statistischen Abhängigkeiten werden durch die bedingten WDFs beschrieben. Die kompakteste *vollständige* Beschreibung zweier Zufallsvariablen ist durch die Verbund-WDF $p_{x_1,x_2}(\xi_1,\xi_2)$ gegeben, aus der die alle übrigen WDFs ausgerechnet werden können. Im Spezialfall zweier *statistisch unabhängiger* Zufallsvariablen zeigt dagegen die obige Gleichung, daß bereits die einzelnen WDFs $p_{x_1}(\xi_1)$, $p_{x_2}(\xi_2)$ eine vollständige Beschreibung darstellen.

OPTIMALE ENTSCHEIDUNGSGRENZE. Als nachrichtentechnische Anwendung bedingter WDFs betrachten wir nun wieder eine Übertragungsstrecke (s. Bild 3.11). Wir gehen aus von einer binären Quelle, die zwei Nachrichten m_0 und m_1 mit Wahrscheinlichkeiten $P[m_0]$ und $P[m_1]$ abgibt. Diese Nachrichten m_0, m_1 werden nun im Sender auf zwei reelle Zahlen (z.B. elektr. Spannungswerte) $s_0=s(m_0)$ und $s_1=s(m_1)$ abgebildet. Damit entspricht der Ausgang des Senders einer diskreten *Zufallsvariablen* s, die die beiden diskreten Werte s_0 und s_1 mit Wahrscheinlichkeiten $P[s=s_0]=P[m_0]$ und $P[s=s_1]=P[m_1]$ annimmt. Am Kanal wird s durch additives Rauschen gestört, d.h. es wird eine (von s statistisch unabhängige) Zufallsvariable n (noise) addiert, sodaß die Zufallsvariable

$$r = s + n$$

empfangen wird. Die WDF $p_n(\nu)$ der Rausch-Zufallsvariablen **n** wird als bekannt vorausgesetzt. Im Gegensatz zu **s** ist **n** (und damit auch **r**) im allgemeinen nicht diskret, sondern kontinuierlich.

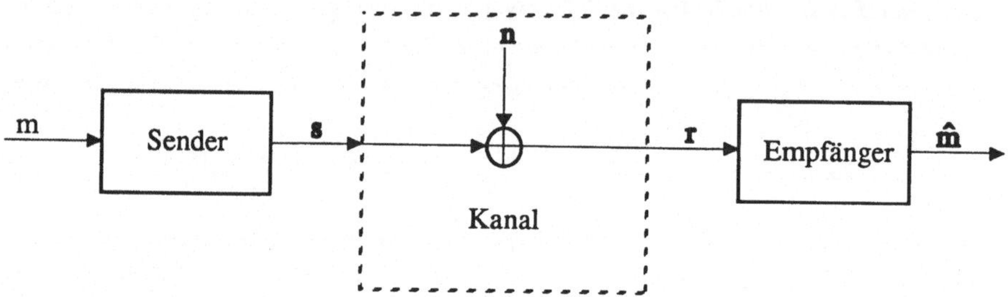

Bild 3.11: Durch Rauschen gestörte Nachrichtenübertragung

Der Empfänger muß aus dem empfangenen **r** auf das gesendete **s** bzw. m rückschließen. Wird ein bestimmter Wert $r=\rho$ empfangen, dann muß sich der Empfänger für m_0 oder für m_1 entscheiden. Wir nehmen an, er benützt dazu die MAP-Entscheidungsregel, d.h. er entscheidet sich für jenes m_i, für das die bedingte Wahrscheinlichkeit $P[s=s_i|r=\rho]$ maximal ist. Mit der Bayes-Regel läßt sich diese Wahrscheinlichkeit in der Form

$$P[s=s_i|r=\rho] = p_{r|s}(\rho|s_i)\,\frac{P[s=s_i]}{p_r(\rho)} = p_{r|s}(\rho|s_i)\,\frac{P[m_i]}{p_r(\rho)}$$

ausdrücken; da $p_r(\rho)$ nicht von i abhängt, lautet die Maximierungsvorschrift

$$p_{r|s}(\rho|s_i)\,P[m_i] \longrightarrow \max_i \ .$$

Wegen **r=s+n** gilt

$$p_{r|s}(\rho|s_i) = p_{n|s}(\rho-s_i|s_i) \ ,$$

und da die Zufallsvariablen **n** und **s** statistisch unabhängig sind, ist weiter

$$p_{n|s}(\rho-s_i|s_i) = p_n(\rho-s_i) \ .$$

Der Empfänger entscheidet sich also für jenes Sendesymbol $\hat{m}(\rho) = m_i$, für das $p_n(\rho - s_i)\,P[m_i]$ am größten ist. Die MAP-Entscheidungsregel lautet daher

$$\hat{m}(\rho): \qquad p_n(\rho - s_i)\,P[m_i] \longrightarrow \max_i \ .$$

Eine anschauliche Interpretation dieser Entscheidungsregel ergibt sich, wenn wir gemäß Bild 3.12 $p_n(\rho - s_0)\,P[m_0]$ und $p_n(\rho - s_1)\,P[m_1]$ als Funktionen über der ρ-Achse zeichnen. Im folgenden sei $s_1 > s_0$ angenommen. Zeigt die WDF $p_n(\nu)$ ein entsprechendes Monotonieverhalten (s. Bild 3.12), dann existiert eine eindeutig bestimmte **Entscheidungsgrenze** ρ_G im folgenden Sinn: Für $r = \rho < \rho_G$ ist $p_n(\rho - s_0)\,P[m_0] > p_n(\rho - s_1)\,P[m_1]$, und es wird auf s_0 bzw. m_0 entschieden ($\hat{m}(\rho) = m_0$). Für $r = \rho > \rho_G$ ist dagegen $p_n(\rho - s_1)\,P[m_1] > p_n(\rho - s_0)\,P[m_0]$, und es wird auf s_1 bzw. m_1 entschieden ($\hat{m}(\rho) = m_1$). Die Entscheidungsgrenze ρ_G ist offensichtlich die Lösung der Gleichung

$$p_n(\rho - s_0)\,P[m_0] = p_n(\rho - s_1)\,P[m_1] \ .$$

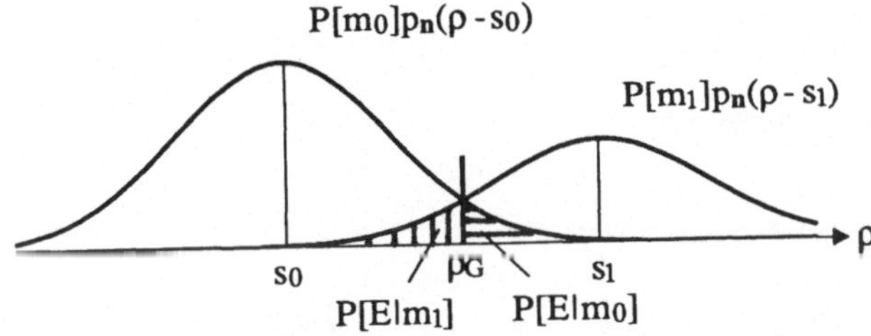

Bild 3.12: Optimale Entscheidungsgrenze bei gestörter binärer Übertragung

Wir betrachten nun die Fehlerwahrscheinlichkeit des MAP-Empfängers. Wurde m_0 gesendet, dann ist die (bedingte) Wahrscheinlichkeit eines Entscheidungsfehlers

$$P[E|m_0] = P[r > \rho_G | m_0] = \int_{\rho_G}^{\infty} p_r(\rho | s = s_0)\,d\rho \ = \ \int_{\rho_G}^{\infty} p_n(\rho - s_0)\,d\rho \ = \ \int_{\rho_G - s_0}^{\infty} p_n(\nu)\,d\nu \ .$$

Analog erhalten wir für die Fehlerwahrscheinlichkeit unter der Bedingung m_1

$$P[E|m_1] = P[r < \rho_G | m_1] = \int_{-\infty}^{\rho_G - s_1} p_n(\nu)\,d\nu \ .$$

Die unbedingte ("totale") Fehlerwahrscheinlichkeit setzt sich schließlich aus den bedingten Fehlerwahrscheinlichkeiten zusammen gemäß

$$P[E] = P[E|m_0]\,P[m_0] + P[E|m_1]\,P[m_1] \ .$$

Wir berechnen die Entscheidungsschwelle ρ_G und Fehlerwahrscheinlichkeit $P[E]$ für eine mittelwertfreie ($\mu=0$) *Gauß-verteilte* Rausch-Zufallsvariable **n**,

$$p_\mathbf{n}(v) = \frac{1}{\sqrt{2\pi}\,\sigma}\ e^{-\frac{1}{2}\left(\frac{v}{\sigma}\right)^2} \ .$$

In diesem Fall erhalten wir für die Entscheidungsgrenze die Gleichung

$$P[m_0]\frac{1}{\sqrt{2\pi}\,\sigma}\ e^{-\frac{1}{2}\left(\frac{\rho-s_0}{\sigma}\right)^2} = P[m_1]\frac{1}{\sqrt{2\pi}\,\sigma}\ e^{-\frac{1}{2}\left(\frac{\rho-s_1}{\sigma}\right)^2}$$

mit der Lösung

$$\rho_G = \frac{s_0+s_1}{2} + \frac{\sigma^2}{s_0-s_1}\ \ln \frac{P[m_1]}{P[m_0]} \ .$$

Für den Spezialfall gleichwahrscheinlicher Sendesymbole ($P[m_0]=P[m_1]=1/2$) erhält man das sehr plausible Ergebnis

$$\rho_G = \frac{s_0+s_1}{2} \ .$$

Die bedingten Fehlerwahrscheinlichkeiten sind

$$P[E|m_0] = \int_{\rho_G-s_0}^{\infty} p_\mathbf{n}(v)\,dv = 1-F_\mathbf{n}(\rho_G-s_0) = Q\!\left(\frac{\rho_G-s_0}{\sigma}\right)$$

$$P[E|m_1] = \int_{-\infty}^{\rho_G-s_1} p_\mathbf{n}(v)\,dv = F_\mathbf{n}(\rho_G-s_1) = 1-Q\!\left(\frac{\rho_G-s_1}{\sigma}\right) = Q\!\left(\frac{s_1-\rho_G}{\sigma}\right) \ .$$

Damit ergibt sich für die totale Fehlerwahrscheinlichkeit

$$P[E] = Q\!\left(\frac{\rho_G-s_0}{\sigma}\right)P[m_0] + Q\!\left(\frac{s_1-\rho_G}{\sigma}\right)P[m_1] \ .$$

Im Spezialfall gleichwahrscheinlicher Sendesymbole erhalten wir

$$P[E] = Q\!\left(\frac{s_1-s_0}{2\sigma}\right) = Q\!\left(\frac{\Delta s}{2\sigma}\right) \ ,$$

wobei $\Delta s = s_1 - s_0$ der Abstand zwischen s_0 und s_1 und σ der Effektivwert des Rauschens ist.

3.4 Erwartungswerte

Eine Zufallsvariable **x** ist durch ihre WDF $p_{\mathbf{x}}(\xi)$ vollständig beschrieben. Manchmal ist diese vollständige Beschreibung jedoch zu unhandlich. Eine zweckmäßige globale (unvollständige) Charakterisierung einer Zufallsvariablen ist durch die Momente erster und zweiter Ordnung der WDF gegeben.

MITTELWERT UND VARIANZ. Der ***Erwartungswert*** bzw. (lineare) ***Mittelwert*** $\mu_{\mathbf{x}}$ einer Zufallsvariablen **x** ist definiert als das Moment erster Ordnung der WDF $p_{\mathbf{x}}(\xi)$,

$$\mu_{\mathbf{x}} = E\{\mathbf{x}\} = \bar{\mathbf{x}} = \int_{-\infty}^{\infty} \xi \, p_{\mathbf{x}}(\xi) \, d\xi \ .$$

In der obigen Gleichung ist E der "Erwartungswertoperator", der der Zufallsvariablen **x** ihren Erwartungswert $\mu_{\mathbf{x}}$ zuordnet. Der Erwartungswert ist eine determinierte Zahl, d.h. nicht selbst zufällig. Mit $\int_{-\infty}^{\infty} p_{\mathbf{x}}(\xi) d\xi = 1$ ist der Erwartungswert gleichzeitig der "Schwerpunkt" der WDF,

$$\mu_{\mathbf{x}} = \frac{\int_{-\infty}^{\infty} \xi \, p_{\mathbf{x}}(\xi) \, d\xi}{\int_{-\infty}^{\infty} p_{\mathbf{x}}(\xi) \, d\xi} \ .$$

Für eine *diskrete* Zufallsvariable **x**, die die diskreten Werte x_i mit Wahrscheinlichkeiten $P_i = P[\mathbf{x} = x_i]$ annimmt, erhält man mit $p_{\mathbf{x}}(\xi) = \sum_i P_i \delta(\xi - x_i)$

$$\mu_{\mathbf{x}} = \sum_i x_i P_i \ .$$

Für eine *determinierte* Zufallsvariable $\mathbf{x} = x$ (d.h. eine Zufallsvariable, die bei jeder Versuchsdurchführung den selben Wert x annimmt), ist die WDF ein Dirac-Impuls an der Stelle x, $p_{\mathbf{x}}(\xi) = \delta(\xi - x)$; für den Erwartungswert folgt hier

$$\mu_{\mathbf{x}} = E\{\mathbf{x}\} = E\{x\} = x \ .$$

Der Erwartungswert einer determinierten Zahl ist somit diese Zahl selbst.

Die beiden folgenden Eigenschaften des Erwartungswerts sind für praktische Berechnungen sehr wichtig:

1) Der Erwartungswertoperator E ist *linear*:

$$E\{\,a\mathbf{x}+b\mathbf{y}\,\} \;=\; a\,E\{\mathbf{x}\}+b\,E\{\mathbf{y}\} \qquad (a,b \text{ determinierte Faktoren}) \;.$$

2) Der Erwartungswert der transformierten Zufallsvariablen $\mathbf{y}{=}g(\mathbf{x})$ läßt sich mit der WDF der *ursprünglichen* Zufallsvariablen $\mathbf{x}$ berechnen gemäß

$$E\{\,g(\mathbf{x})\} \;=\; \int\limits_{-\infty}^{\infty} g(\xi)\,p_{\mathbf{x}}(\xi)\,d\xi \;.$$

Die Funktion $g(\mathbf{x}){=}\mathbf{x}^n$ führt auf das ***Moment n-ter Ordnung*** der Zufallsvariablen $\mathbf{x}$,

$$E\{\mathbf{x}^n\} \;=\; \overline{\mathbf{x}^n} \;=\; \int\limits_{-\infty}^{\infty} \xi^n\,p_{\mathbf{x}}(\xi)\,d\xi \;.$$

Für $n{=}1$ erhalten wir den linearen Mittelwert $\mu_{\mathbf{x}}$; $n{=}2$ ergibt den ***quadratischen Mittelwert*** (Mittelwert des Quadrats von $\mathbf{x}$)

$$\rho_{\mathbf{x}}^2 \;=\; E\{\mathbf{x}^2\} \;=\; \overline{\mathbf{x}^2} \;=\; \int\limits_{-\infty}^{\infty} \xi^2\,p_{\mathbf{x}}(\xi)\,d\xi \;,$$

dessen Quadratwurzel $\rho_{\mathbf{x}}$ der ***Effektivwert*** von $\mathbf{x}$ ist. Die ***Varianz*** $\sigma_{\mathbf{x}}^2$ ist schließlich definiert als die mittlere quadratische Abweichung der Zufallsvariablen $\mathbf{x}$ vom Mittelwert $\mu_{\mathbf{x}}$ bzw. als auf $\mu_{\mathbf{x}}$ bezogenes quadratisches Moment,

$$\sigma_{\mathbf{x}}^2 \;=\; E\{(\mathbf{x}-\mu_{\mathbf{x}})^2\} \;=\; \int\limits_{-\infty}^{\infty} (\xi-\mu_{\mathbf{x}})^2\,p_{\mathbf{x}}(\xi)\,d\xi \;.$$

Die Varianz ist ein Maß für die Breite der WDF. Die Quadratwurzel $\sigma_{\mathbf{x}}$ der Varianz wird ***Standardabweichung*** bzw. ***Streuung*** genannt. Es gilt

$$\sigma_{\mathbf{x}}^2 = E\{(\mathbf{x}-\mu_{\mathbf{x}})^2\} = E\{\mathbf{x}^2-2\mu_{\mathbf{x}}\mathbf{x}+\mu_{\mathbf{x}}^2\} = E\{\mathbf{x}^2\}-2\mu_{\mathbf{x}}E\{\mathbf{x}\}+\mu_{\mathbf{x}}^2 = \rho_{\mathbf{x}}^2-2\mu_{\mathbf{x}}\mu_{\mathbf{x}}+\mu_{\mathbf{x}}^2 \;;$$

Varianz, quadratischer Mittelwert und linearer Mittelwert hängen somit zusammen gemäß

$$\sigma_{\mathbf{x}}^2 = \rho_{\mathbf{x}}^2 - \mu_{\mathbf{x}}^2 \qquad \text{bzw.} \qquad E\{(\mathbf{x}-\mu_{\mathbf{x}})^2\} = E\{\mathbf{x}^2\} - \big(E\{\mathbf{x}\}\big)^2 \;.$$

Im Extremfall einer *determinierten* Zufallsvariablen $\mathbf{x} = x$ erhält man

$$\sigma_{\mathbf{x}} = 0 \; ;$$

die Varianz verschwindet hier, weil die WDF $p_{\mathbf{x}}(\xi) = \delta(\xi - x)$ unendlich schmal ist.

Eine Zufallsvariable $\mathbf{x}$ heißt *mittelwertfrei*, wenn $\mu_{\mathbf{x}} = 0$. In diesem Fall sind Varianz und quadratischer Mittelwert identisch,

$$\sigma_{\mathbf{x}}^2 = \rho_{\mathbf{x}}^2 \; .$$

Mittelwert $\mu_{\mathbf{x}}$ und Varianz $\sigma_{\mathbf{x}}^2$ ergeben zusammen die "schwache" Beschreibung der Zufallsvariablen $\mathbf{x}$. Im Gegensatz zu der durch die WDF $p_{\mathbf{x}}(\xi)$ gegebenen vollständigen ("strengen") Beschreibung ist die schwache Beschreibung i.a. unvollständig (es gibt unendlich viele verschiedene Zufallsvariablen mit gleichem Mittelwert und gleicher Varianz!).

Für die praktische Berechnung des Erwartungswerts eines Ausdrucks ist es meistens zweckmäßig, diesen Ausdruck zunächst nach Möglichkeit zu vereinfachen und erst dann die Erwartungswerte relativ einfacher Ausdrücke entweder auf bekannte Parameter (z.B. $\mu_{\mathbf{x}}$, $\rho_{\mathbf{x}}^2$, $\sigma_{\mathbf{x}}^2$) zurückzuführen oder mit Hilfe der WDF durch numerische Integration zu berechnen.

DIE TSCHEBYSCHEFFSCHE UNGLEICHUNG. Wir interessieren uns nun für die Wahrscheinlichkeit $P[|\mathbf{x}-\mu_{\mathbf{x}}| \geq \alpha]$, mit der eine Zufallsvariable $\mathbf{x}$ von ihrem Mittelwert $\mu_{\mathbf{x}}$ um mehr als einen vorgegebenen Wert α abweicht. Kennen wir die WDF $p_{\mathbf{x}}(\xi)$ der Zufallsvariablen $\mathbf{x}$, dann können wir diese Wahrscheinlichkeit exakt ausrechnen,

$$P[|\mathbf{x}-\mu_{\mathbf{x}}| \geq \alpha] = \int\limits_{|\xi-\mu_{\mathbf{x}}| \geq \alpha} p_{\mathbf{x}}(\xi)\, d\xi = \int\limits_{-\infty}^{\mu_{\mathbf{x}}-\alpha} p_{\mathbf{x}}(\xi)\, d\xi + \int\limits_{\mu_{\mathbf{x}}+\alpha}^{\infty} p_{\mathbf{x}}(\xi)\, d\xi \; .$$

Kennen wir dagegen nur die *schwache* Beschreibung der Zufallsvariablen $\mathbf{x}$, d.h. Mittelwert $\mu_{\mathbf{x}}$ und Varianz $\sigma_{\mathbf{x}}^2$, dann können wir die Wahrscheinlichkeit $P[|\mathbf{x}-\mu_{\mathbf{x}}| \geq \alpha]$ immerhin abschätzen. Dazu dient die *Tschebyscheffsche Ungleichung*

$$P[|\mathbf{x}-\mu_{\mathbf{x}}| \geq \alpha] \leq \frac{\sigma_{\mathbf{x}}^2}{\alpha^2} \; .$$

Beweis:

$$\sigma_{\mathbf{x}}^2 = \int\limits_{-\infty}^{\infty} (\xi-\mu_{\mathbf{x}})^2\, p_{\mathbf{x}}(\xi)\, d\xi \geq \int\limits_{|\xi-\mu_{\mathbf{x}}| \geq \alpha} (\xi-\mu_{\mathbf{x}})^2\, p_{\mathbf{x}}(\xi)\, d\xi \geq \alpha^2 \int\limits_{|\xi-\mu_{\mathbf{x}}| \geq \alpha} p_{\mathbf{x}}(\xi)\, d\xi = \alpha^2\, P[|\mathbf{x}-\mu_{\mathbf{x}}| \geq \alpha] \; .$$

Beachte, daß die Abschätzung von $P[|x-\mu_x|\geq\alpha]$ durch die Tschebyscheffsche Ungleichung nur für $\alpha>\sigma_x$ sinnvoll ist: für $\alpha\leq\sigma_x$ ist die rechte Seite der Tschebyscheffschen Ungleichung ≥ 1 und daher als Schranke für eine Wahrscheinlichkeit (die ja immer ≤ 1 ist) nicht brauchbar. Für die Wahrscheinlichkeit des komplementären Ereignisses $P[|x-\mu_x|<\alpha]$ erhält man mit der Tschebyscheffschen Ungleichung

$$P[|x-\mu_x|<\alpha] = 1 - P[|x-\mu_x|\geq\alpha] \geq 1 - \frac{\sigma_x^2}{\alpha^2} \ .$$

Die Tschebyscheffsche Ungleichung ist zumeist eine sehr grobe Abschätzung. Sie enthält nur die Varianz der Zufallsvariablen und berücksichtigt daher nicht die Form der WDF. Die in der Literatur zu findende *Tschernoff-Abschätzung* ist im allgemeinen wesentlich enger.

KORRELATION UND KOVARIANZ; UNKORRELIERTHEIT UND ORTHOGONALITÄT. Im Falle *zweier* Zufallsvariablen x_1 und x_2 mit Verbund-WDF $p_{x_1,x_2}(\xi_1,\xi_2)$ sagen die Mittelwerte μ_{x_1}, μ_{x_2} und Varianzen $\sigma_{x_1}^2$, $\sigma_{x_2}^2$ der einzelnen Zufallsvariablen nichts über die statistische Abhängigkeit zwischen den Zufallsvariablen aus. Deswegen definieren wir zusätzlich die **Korrelation**

$$R_{x_1,x_2} = E\{x_1 x_2\} = \int\limits_{-\infty}^{\infty}\int\limits_{-\infty}^{\infty} \xi_1\xi_2\, p_{x_1,x_2}(\xi_1,\xi_2)\, d\xi_1 d\xi_2$$

und die **Kovarianz**

$$C_{x_1,x_2} = E\{(x_1-\mu_{x_1})(x_2-\mu_{x_2})\} = \int\limits_{-\infty}^{\infty}\int\limits_{-\infty}^{\infty} (\xi_1-\mu_{x_1})(\xi_2-\mu_{x_2})\, p_{x_1,x_2}(\xi_1,\xi_2)\, d\xi_1 d\xi_2 \ .$$

Beachte, daß Kovarianz und Korrelation auch negativ sein können. Es gilt

$$R_{x_2,x_1} = R_{x_1,x_2} \ , \qquad C_{x_2,x_1} = C_{x_1,x_2} \ .$$

Kovarianz, Korrelation und Mittelwert hängen zusammen gemäß

$$C_{x_1,x_2} = R_{x_1,x_2} - \mu_{x_1}\mu_{x_2} \ .$$

Ist zumindest eine der Zufallsvariablen x_1 und x_2 *mittelwertfrei*, dann sind Korrelation und Kovarianz identisch,

$$C_{x_1,x_2} = R_{x_1,x_2} \ .$$

Sind die Zufallsvariablen x_1 und x_2 *identisch*, $x_1=x_2$, dann gilt

$$R_{x_1,x_2} = \rho^2_{x_1} \ , \qquad\qquad C_{x_1,x_2} = \sigma^2_{x_1} \ .$$

Ist hingegen $x_2=-x_1$, dann erhalten wir

$$R_{x_1,x_2} = -\rho^2_{x_1} \ , \qquad\qquad C_{x_1,x_2} = -\sigma^2_{x_1} \ .$$

Man benötigt Korrelation und Kovarianz insbesondere zur Berechnung des quadratischen Mittelwerts bzw. der Varianz einer Linearkombination $z=ax+by$ von Zufallsvariablen x,y:

$$\rho^2_z = a^2\rho^2_x + b^2\rho^2_y + 2\,ab\,R_{x,y} \ , \qquad\qquad \sigma^2_z = a^2\sigma^2_x + b^2\sigma^2_y + 2\,ab\,C_{x,y} \ .$$

Zwei Zufallsvariablen x_1 und x_2 heißen **unkorreliert**, wenn

$$C_{x_1,x_2} = 0 \quad\text{bzw.}\quad R_{x_1,x_2} = \mu_{x_1}\mu_{x_2} \quad\text{bzw.}\quad E\{x_1x_2\} = E\{x_1\}\,E\{x_2\}$$

(Unkorreliertheit bedeutet also verschwindende *Kovarianz* und nicht verschwindende Korrelation!). Im Falle unkorrelierter Zufallsvariablen x_1 und x_2 gilt einfach

$$\sigma^2_{x_1+x_2} = \sigma^2_{x_1} + \sigma^2_{x_2} \ .$$

Für zwei *statistisch unabhängige* Zufallsvariablen x_1 und x_2 folgt aus $p_{x_1,x_2}(\xi_1,\xi_2)= p_{x_1}(\xi_1)p_{x_2}(\xi_2)$, daß die Zufallsvariablen auch unkorreliert sind. Umgekehrt folgt aber aus der Unkorreliertheit nicht zwingend die statistische Unabhängigkeit! Im Falle statistischer Unabhängigkeit von x_1 und x_2 (Unkorreliertheit genügt hier nicht!) gilt auch allgemein

$$E\{ g(x_1)\,h(x_2)\} = E\{g(x_1)\}\,E\{h(x_2)\} \ .$$

Zwei Zufallsvariablen mit verschwindender Korrelation

$$R_{x_1,x_2} = E\{x_1x_2\} = 0$$

werden **orthogonal** genannt (das erklärt sich daraus, daß durch $E\{x_1x_2\}$ ein *Inprodukt* der Zufallsvariablen x_1 und x_2 erklärt werden kann). Für orthogonale Zufallsvariablen gilt

$$\rho^2_{x_1+x_2} = \rho^2_{x_1} + \rho^2_{x_2} \ .$$

Ist zumindest eine der Zufallsvariablen *mittelwertfrei*, dann sind die Begriffe *unkorreliert* und *orthogonal* äquivalent.

Für Kovarianz und Korrelation gelten die Abschätzungen

$$|C_{x_1,x_2}| \leq \sigma_{x_1}\sigma_{x_2} \ , \qquad\qquad |R_{x_1,x_2}| \leq \rho_{x_1}\rho_{x_2} \ ,$$

wobei

$$C_{x_1,x_2} = \pm\,\sigma_{x_1}\sigma_{x_2} \qquad \text{für} \quad x_2 - \mu_{x_2} = a(x_1 - \mu_{x_1}) \quad \text{mit "+" für } a > 0 \text{ und "–" für } a < 0 \ ;$$

$$R_{x_1,x_2} = \pm\,\rho_{x_1}\rho_{x_2} \qquad \text{für} \quad x_2 = ax_1 \qquad\qquad \text{mit "+" für } a > 0 \text{ und "–" für } a < 0 \ .$$

Die (betragsmäßig) maximale Korrelation entsteht also bei Proportionalität $x_2 = ax_1$ der beiden Zufallsvariablen. Für den durch

$$r_{x_1,x_2} = \frac{C_{x_1,x_2}}{\sigma_{x_1}\sigma_{x_2}}$$

definierten **Korrelationskoeffizienten** folgt

$$|r_{x_1,x_2}| \leq 1 \ .$$

Die *schwache Beschreibung* zweier Zufallsvariablen x_1, x_2 ist durch die beiden Mittelwerte μ_{x_1}, μ_{x_2}, die beiden Varianzen $\sigma_{x_1}^2$, $\sigma_{x_2}^2$ sowie die Kovarianz C_{x_1,x_2} gegeben (anstelle von $\sigma_{x_1}^2$, $\sigma_{x_2}^2$ und C_{x_1,x_2} können auch $\rho_{x_1}^2$, $\rho_{x_2}^2$ und R_{x_1,x_2} verwendet werden). Im Gegensatz zur strengen Beschreibung durch die Verbund-WDF $p_{x_1,x_2}(\xi_1,\xi_2)$ ist die schwache Beschreibung wieder i.a. unvollständig. Die *Unkorreliertheit* kann als "schwache Version" der *statistischen Unabhängigkeit* angesehen werden.

Im Falle von N Zufallsvariablen $x_1, x_2, ..., x_N$ ist die strenge (vollständige) Beschreibung die Verbund-WDF N-ter Ordnung $p_{x_1,x_2,...,x_N}(\xi_1,\xi_2,...,\xi_N)$; die schwache Beschreibung besteht aus den Mittelwerten μ_{x_i} der einzelnen Zufallsvariablen und sämtlichen Kovarianzen bzw. Varianzen C_{x_i,x_j} (mit $C_{x_i,x_i} = \sigma_{x_i}^2$), die wieder durch die Korrelationen R_{x_i,x_j} (mit $R_{x_i,x_i} = \rho_{x_i}^2$) ersetzt werden können.

DIE CHARAKTERISTISCHE FUNKTION. Die Berechnung der Momente einer Zufallsvariablen wird manchmal vereinfacht durch Einführung der **charakteristischen Funktion**

$$\Psi_x(\omega) = E\{e^{j\omega x}\} = \int_{-\infty}^{\infty} e^{j\omega\xi} p_x(\xi)\,d\xi \ ,$$

die (bis auf ein Vorzeichen) die Fouriertransformierte der WDF $p_x(\xi)$ ist. Die WDF läßt sich deshalb aus der charakteristischen Funktion rückgewinnen gemäß

$$p_x(\xi) = \frac{1}{2\pi} \int_{-\infty}^{\infty} \Psi_x(\omega)\, e^{-j\omega\xi}\, d\omega\; ;$$

die charakteristische Funktion beschreibt daher die Zufallsvariable x genauso vollständig wie die WDF selbst. Die charakteristische Funktion dient übrigens nicht zur Spektralanalyse der Zufallsvariablen (ω ist keine Kreisfrequenz, da ξ nicht die Dimension Zeit hat!), sondern stellt eine reine Rechengröße dar, die für einige Untersuchungen sehr praktisch ist.

Mit der Potenzreihenentwicklung

$$e^{j\omega x} = \sum_{n=0}^{\infty} \frac{(j\omega x)^n}{n!}$$

erhalten wir eine analoge Entwicklung der charakteristischen Funktion,

$$\Psi_x(\omega) = E\{e^{j\omega x}\} = \sum_{n=0}^{\infty} \frac{(j\omega)^n}{n!} E\{x^n\}\;,$$

die zunächst zeigt, daß die charakteristische Funktion (und daher auch die Zufallsvariable x selbst!) durch sämtliche Momente $E\{x^n\}$ der Zufallsvariablen x vollständig bestimmt ist. Dabei muß allerdings vorausgesetzt werden, daß sämtliche Momente existieren (d.h. endlich sind). Weiters folgt, daß sich diese Momente aus der charakteristischen Funktion besonders einfach berechnen lassen,

$$E\{x^n\} = (-j)^n \frac{d^n}{d\omega^n} \Psi_x(\omega)\Big|_{\omega=0}\; .$$

Eine einfache Anwendung der charakteristischen Funktion betrifft die WDF der Summe $z=x_1+x_2$ zweier *statistisch unabhängiger* Zufallsvariablen x_1 und x_2. Es gilt

$$\Psi_z(\omega) = E\{e^{j\omega z}\} = E\{e^{j\omega x_1} e^{j\omega x_2}\} = E\{e^{j\omega x_1}\}\, E\{e^{j\omega x_2}\} = \Psi_{x_1}(\omega)\cdot\Psi_{x_2}(\omega)\;,$$

wobei die Tatsache verwendet wurde, daß mit x_1 und x_2 auch $z_1=e^{j\omega x_1}$ und $z_2=e^{j\omega x_2}$ statistisch unabhängig sind. Für die WDF von z folgt

$$p_z(\zeta) = (p_{x_1}*p_{x_2})(\zeta) = \int_{-\infty}^{\infty} p_{x_1}(\zeta-\xi)\, p_{x_2}(\xi)\, d\xi\; .$$

Die WDF der Summe zweier statistisch unabhängiger Zufallsvariablen ist also das Faltungsprodukt der WDFs dieser Zufallsvariablen.

3.5 Spezielle Verteilungen

GAUSS-VERTEILUNG (NORMALVERTEILUNG). Gleichverteilung und Gauß-Verteilung wurden bereits am Ende von Abschnitt 3.1 kurz vorgestellt. Wegen der großen praktischen Bedeutung und der speziellen Eigenschaften Gauß-verteilter Zufallsvariablen gehen wir hier etwas genauer auf die Gauß-Verteilung ein. Die WDF einer Gauß-verteilten Zufallsvariablen $\mathbf{x}$ mit Mittelwert $\mu_\mathbf{x}$ und Varianz $\sigma_\mathbf{x}^2$ ist

$$p_\mathbf{x}(\xi) = \frac{1}{\sqrt{2\pi}\,\sigma_\mathbf{x}} \, e^{-\frac{1}{2}\left(\frac{\xi-\mu_\mathbf{x}}{\sigma_\mathbf{x}}\right)^2} .$$

Mittelwert und Varianz gehen explizit als Parameter in die WDF ein. Umgekehrt kann man auch sagen, daß die WDF einer Gauß-verteilten Zufallsvariablen durch Mittelwert und Varianz (d.h. die Kenngrößen der schwachen Beschreibung) vollständig bestimmt ist; strenge und schwache Beschreibung sind also bei der Gauß-verteilten Zufallsvariablen äquivalent. Wird eine Gauß-verteilte Zufallsvariable $\mathbf{x}$ affin transformiert, $\mathbf{y}=a\mathbf{x}+b$, dann ist auch die neue Zufallsvariable $\mathbf{y}$ Gauß-verteilt mit Mittelwert $\mu_\mathbf{y}=a\mu_\mathbf{x}+b$ und Varianz $\sigma_\mathbf{y}^2=a^2\sigma_\mathbf{x}^2$.

Die überragende praktische Relevanz Gauß-verteilter Zufallsvariablen kann durch den sog. *zentralen Grenzwertsatz* erklärt werden: Oft kann man eine physikalische Größe als Resultierende einer großen Anzahl unabhängiger Teilgrößen auffassen. Betrachten wir also die Zufallsvariable

$$\mathbf{z}_N = \sum_{n=1}^{N} a_n \, \mathbf{x}_n \, ,$$

die als Linearkombination der N Zufallsvariablen $\mathbf{x}_n$ definiert ist. Über die einzelnen Zufallsvariablen $\mathbf{x}_n$ setzten wir lediglich voraus, daß sie voneinander *statistisch unabhängig* sind sowie daß ihre Varianzen endlich und von gleicher Größenordnung sind (keine der Zufallsvariablen darf gegenüber den anderen signifikant überwiegen). Für Mittelwert und Varianz von $\mathbf{z}_N$ erhalten wir dann

$$\mu_{\mathbf{z}_N} = \sum_{n=1}^{N} a_n \mu_{\mathbf{x}_n} \, , \qquad \sigma_{\mathbf{z}_N}^2 = \sum_{n=1}^{N} a_n^2 \, \sigma_{\mathbf{x}_n}^2 \, .$$

Der ***zentrale Grenzwertsatz*** besagt nun, daß (unter sehr allgemeinen zusätzlichen Bedingungen) die Zufallsvariable z_N für $N \to \infty$ *Gauß-verteilt* wird. Beachte, daß der zentrale Grenzwertsatz im wesentlichen nur die Unabhängigkeit der Zufallsvariablen voraussetzt und keine wesentlichen Annahmen über die Formen der einzelnen WDFs macht.

Zwei Zufallsvariablen x_1 und x_2 heißen ***verbund-Gauß-verteilt***, wenn ihre Verbund-WDF gegeben ist durch

$$p_{x_1,x_2}(\xi_1,\xi_2) = \frac{1}{2\pi\sigma_1\sigma_2\sqrt{1-r^2}} \; e^{-\frac{1}{2(1-r^2)}\left[\frac{(\xi_1-\mu_1)^2}{\sigma_1^2} - 2r\frac{(\xi_1-\mu_1)(\xi_2-\mu_2)}{\sigma_1\sigma_2} + \frac{(\xi_2-\mu_2)^2}{\sigma_2^2}\right]}$$

mit

$$\mu_1=\mu_{x_1} \; , \quad \mu_2=\mu_{x_2} \; , \quad \sigma_1=\sigma_{x_1} \; , \quad \sigma_2=\sigma_{x_2} \; , \quad r = r_{x_1,x_2} = \frac{c_{x_1,x_2}}{\sigma_{x_1}\sigma_{x_2}} \; .$$

Die Höhenlinien der durch $p_{x_1,x_2}(\xi_1,\xi_2)$ gegebenen Fläche sind Ellipsen mit Mittelpunkt (μ_1,μ_2); für $r=0$ sind die Hauptachsen parallel zu den Koordinatenachsen.

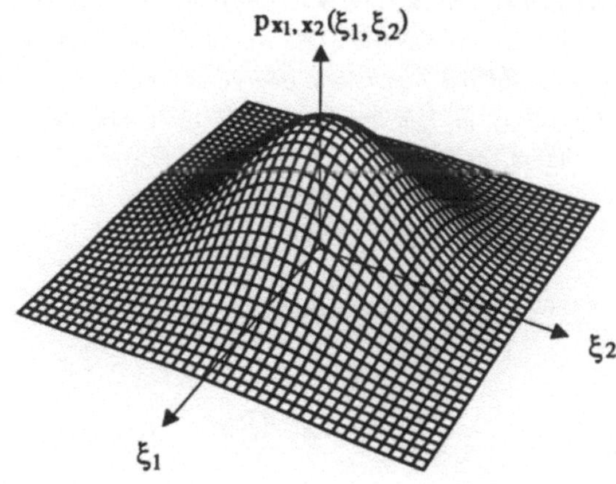

Bild 3.13: Verbund-Gauß-Verteilung für $\mu_1=\mu_2=0$ und $r=0$

Die Randdichten sind selbst gaußförmig, d.h. die einzelnen Zufallsvariablen x_1 und x_2 sind selbst jeweils Gauß-verteilt:

$$p_{x_1}(\xi) = \frac{1}{\sqrt{2\pi}\,\sigma_1}\; e^{-\frac{1}{2}\left(\frac{\xi-\mu_1}{\sigma_1}\right)^2} \quad,\qquad\qquad p_{x_2}(\xi) = \frac{1}{\sqrt{2\pi}\,\sigma_2}\; e^{-\frac{1}{2}\left(\frac{\xi-\mu_2}{\sigma_2}\right)^2}.$$

Ähnliches gilt auch für die bedingten Dichten:

$$p_{x_1}(\xi_1|x_2{=}\xi_2) = \frac{1}{\sqrt{2\pi}\,\sigma_{1|2}}\; e^{-\frac{1}{2}\left(\frac{\xi_1-\mu_{1|2}}{\sigma_{1|2}}\right)^2}\,,\quad p_{x_2}(\xi_2|x_1{=}\xi_1) = \frac{1}{\sqrt{2\pi}\,\sigma_{2|1}}\; e^{-\frac{1}{2}\left(\frac{\xi_2-\mu_{2|1}}{\sigma_{2|1}}\right)^2}$$

mit $\quad \mu_{1|2} = \mu_1 + r\sigma_1\dfrac{\xi_2-\mu_2}{\sigma_2}\;,\quad \mu_{2|1} = \mu_2 + r\sigma_2\dfrac{\xi_1-\mu_1}{\sigma_1}\;,\quad \sigma_{1|2}^2 = \sigma_1^2(1-r^2)\;,\quad \sigma_{2|1}^2 = \sigma_2^2(1-r^2)\;.$

Sind x_1 und x_2 *unkorreliert*, d.h.

$$C_{x_1,x_2} = 0 \qquad \text{bzw.}\qquad r_{x_1,x_2} = 0\;,$$

dann ergibt sich

$$p_{x_1,x_2}(\xi_1,\xi_2) = p_{x_1}(\xi_1)\,p_{x_2}(\xi_2)$$

und somit die *statistische Unabhängigkeit* von x_1 und x_2. Speziell für verbund-Gauß-verteilte Zufallsvariablen gilt also, daß Unkorreliertheit und statistische Unabhängigkeit äquivalent sind - ein weiterer Hinweis auf die Äquivalenz der schwachen und strengen Beschreibung im Fall der Gauß-Verteilung. Im Fall der Unkorreliertheit sind die Achsen der Höhenlinien- Ellipsen (vgl. Bild 3.13) parallel zu den Koordinatenachsen. Die Korreliertheit der Zufallsvariablen x_1 und x_2 drückt sich somit durch eine "schiefe Lage" der Höhenlinien-Ellipsen in der (ξ_1,ξ_2)-Ebene aus.

Schließlich nennen wir N Zufallsvariablen $x_1,x_2,\dots,x_N$ verbund-Gauß-verteilt, wenn ihre Verbund-WDF gegeben ist durch

$$p_{x_1,x_2,\dots,x_N}(\xi_1,\xi_2,\dots,\xi_N) = \frac{1}{\sqrt{(2\pi)^N \det \underline{C}}}\; e^{-\frac{1}{2}(\underline{\xi}-\underline{\mu})^{\mathsf T}\underline{C}^{-1}(\underline{\xi}-\underline{\mu})}$$

mit der quadratischen Form

$$(\underline{\xi}-\underline{\mu})^{\mathsf T}\underline{C}^{-1}(\underline{\xi}-\underline{\mu}) = \sum_{k=1}^{N}\sum_{l=1}^{N} (\underline{C}^{-1})_{kl}\,(\xi_k-\mu_{x_k})(\xi_l-\mu_{x_l})\;.$$

Dabei sind die Elemente der Vektoren $\underline{\xi}$ und $\underline{\mu}$ jeweils ξ_k und μ_{x_k}; $\underline{C}$ ist die *Kovarianz-*

matrix mit Elementen C_{x_k,x_l}, und "^{T}" steht für Transposition. Die einzelnen Zufallsvariablen x_k sind wieder selbst Gauß-verteilt mit Mittelwerten μ_{x_k} und Varianzen $\sigma^2_{x_k}=C_{x_k,x_k}$,

$$p_{x_k}(\xi) = \frac{1}{\sqrt{2\pi}\,\sigma_{x_k}}\, e^{-\frac{1}{2}\left(\frac{\xi-\mu_{x_k}}{\sigma_{x_k}}\right)^2} .$$

Es kann weiters gezeigt werden, daß eine Linearkombination $z = \sum_i a_i\, x_i$ verbund-Gaußverteilter Zufallsvariablen x_i stets wieder Gauß-verteilt ist.

Sind die Zufallsvariablen x_k *unkorreliert*,

$$C_{x_k,x_l} = 0 \quad \text{für } k\neq l ,$$

dann ist die Kovarianzmatrix $\underline{C}$ eine *Diagonalmatrix* mit Hauptdiagonalelementen $\sigma^2_{x_k}$; ihre Inverse $\underline{C}^{-1}$ ist demnach ebenfalls diagonal mit Hauptdiagonalelementen $1/\sigma^2_{x_k}$, wodurch die quadratische Form im Exponenten der Verbund-WDF die Gestalt

$$(\underline{\xi}-\underline{\mu})^+\underline{C}^{-1}(\underline{\xi}-\underline{\mu}) = \sum_{k=1}^{N} \frac{1}{\sigma^2_{x_k}}(\xi_k-\mu_{x_k})^2$$

annimmt. Damit erhalten wir für die Verbund-WDF selbst

$$p_{x_1,x_2,\ldots,x_N}(\xi_1,\xi_2,\ldots,\xi_N) = \prod_{k=1}^{N} p_{x_k}(\xi_k) ;$$

die Zufallsvariablen x_k sind wieder statistisch unabhängig.

BINOMIALVERTEILUNG. Wir betrachten die gestörte Übertragung von m Bits, wobei die Wahrscheinlichkeit dafür, daß ein betrachtetes Bit gestört wird ("Bitfehler"), ε beträgt. Die Störungen der einzelnen Bits seien statistisch unabhängig. Wie groß ist die Wahrscheinlichkeit, daß von den m übertragenen Bits genau n Bits gestört sind?

Das zugrundeliegende Zufallsexperiment "Übertragung eines Bits" hat *zwei* mögliche Versuchsausgänge A ("Bitfehler") und $B=A^c$ ("kein Bitfehler") mit $P[A]=\varepsilon$, $P[B]=1-\varepsilon$. Dieses Zufallsexperiment wird m mal durchgeführt, wobei die einzelnen Durchführungen voneinander unabhängig sind. Gesucht ist die Wahrscheinlichkeit dafür, daß das Ereignis A insgesamt genau n mal eintritt.

Betrachten wir der Einfachheit halber den Fall m=3 und n=2. Wir fassen die m=3 Durchführungen des Zufallsexperiments zu einem zusammengesetzten Zufallsexperiment zusammen. Dieses zusammengesetzte Zufallsexperiment hat 8 Elementarereignisse:

$$\omega_1=(A,A,A), \quad \omega_2=(A,A,B), \quad \omega_3=(A,B,A), \quad \omega_4=(A,B,B), \quad \ldots \ldots \quad \omega_8=(B,B,B) \ .$$

Von diesen 8 Elementarereignissen gibt es $\binom{m}{n}=\binom{3}{2}=3$, bei denen A genau n=2 mal eintritt, nämlich

$$\omega_2=(A,A,B) \ , \qquad \omega_3=(A,B,A) \ , \qquad \omega_5=(B,A,A) \ .$$

Das Ereignis "A tritt genau n=2 mal ein" ist somit die Vereinigung der drei Elementarereignisse ω_2, ω_3 und ω_5; da die Elementarereignisse disjunkt sind, erhalten wir

$$P[A \text{ tritt genau n=2 mal ein}] = P[\omega_2] + P[\omega_3] + P[\omega_5] \ .$$

Da die Durchführungen des ursprünglichen Experiments statistisch unabhängig sind, gilt

$$P[\omega_2] = P[\omega_3] = P[\omega_5] = P[A]P[A]P[B] = \varepsilon^2 (1-\varepsilon) \ ,$$

d.h. die Wahrscheinlichkeiten der "günstigen" Elementarereignisse sind gleich. Insgesamt erhalten wir schließlich

$$P[A \text{ tritt genau n=2 mal ein}] = 3 \ \varepsilon^2 (1-\varepsilon) \ .$$

Im allgemeinen Fall erhalten wir für die Wahrscheinlichkeit einer einzelnen, ganz bestimmten Anordnung von genau n Bitfehlern den Ausdruck $\varepsilon^n(1-\varepsilon)^{m-n}$. Insgesamt gibt es $\binom{m}{n}$ verschiedene Anordnungen von genau n Bitfehlern, und es folgt

$$P_n = P[A \text{ tritt genau n mal ein}] = \binom{m}{n} \varepsilon^n(1-\varepsilon)^{m-n} \ .$$

Wir definieren nun eine diskrete Zufallsvariable **x**, die die diskreten Werte $x_n=n$ (mit $0 \leq n \leq m$) mit den Wahrscheinlichkeiten $P_n = P[A \text{ tritt genau n mal ein}]$ annimmt. Die Zufallsvariable **x** ist also die Gesamtzahl der Bitfehler in einem Block von m übertragenen Bits. Für die WDF von **x** gilt

$$p_{\mathbf{x}}(\xi) = \sum_{n=0}^{m} P_n\, \delta(\xi-n) \quad \text{mit} \quad P_n = \binom{m}{n}\, \varepsilon^n (1-\varepsilon)^{m-n} \ .$$

Die Zufallsvariable **x** wird *binomialverteilt* genannt (Begründung: die Wahrscheinlichkeiten P_n stellen die Glieder in der Binomialentwicklung von $[\varepsilon+(1-\varepsilon)]^m$ dar).

Wir berechnen Mittelwert, Moment 2. Ordnung und Varianz:

$$\mu_{\mathbf{x}} = \sum_{n=0}^{m} n\, P_n = \sum_{n=0}^{m} n \binom{m}{n} \varepsilon^n (1-\varepsilon)^{m-n} = \sum_{n=1}^{m} n\, \frac{m!}{n!\,(m-n)!}\, \varepsilon^n (1-\varepsilon)^{m-n} =$$

$$= m\varepsilon \sum_{n=1}^{m} \frac{(m-1)!}{(n-1)!\,(m-n)!}\, \varepsilon^{n-1} (1-\varepsilon)^{m-n} = m\varepsilon \sum_{n=1}^{m} \binom{m-1}{n-1} \varepsilon^{n-1} (1-\varepsilon)^{m-n} =$$

$$= m\varepsilon \sum_{n=0}^{m-1} \binom{m-1}{n} \varepsilon^n (1-\varepsilon)^{(m-1)-n} = m\varepsilon\, [\varepsilon+(1-\varepsilon)]^{m-1} = m\varepsilon\cdot 1 \ ,$$

$$\rho_{\mathbf{x}}^2 = \sum_{n=0}^{m} n^2 P_n = \sum_{n=0}^{m} (n^2-n)\, P_n + \sum_{n=0}^{m} n\, P_n = \sum_{n=0}^{m} n(n-1)\, \frac{m!}{n!\,(m-n)!}\, \varepsilon^n (1-\varepsilon)^{m-n} + \mu_{\mathbf{x}} =$$

$$= \sum_{n=2}^{m} n(n-1)\, \frac{m!}{n!\,(m-n)!}\, \varepsilon^n (1-\varepsilon)^{m-n} + m\varepsilon = \sum_{n=2}^{m} \frac{m!}{(n-2)!\,(m-n)!}\, \varepsilon^n (1-\varepsilon)^{m-n} + m\varepsilon =$$

$$= m(m-1)\varepsilon^2 \sum_{n=2}^{m} \frac{(m-2)!}{(n-2)!\,(m-n)!}\, \varepsilon^{n-2} (1-\varepsilon)^{m-n} + m\varepsilon =$$

$$= m(m-1)\varepsilon^2 \sum_{n=0}^{m-2} \binom{m-2}{n} \varepsilon^n (1-\varepsilon)^{(m-2)-n} + m\varepsilon = m(m-1)\varepsilon^2 [\varepsilon+(1-\varepsilon)]^{m-2} + m\varepsilon =$$

$$= m(m-1)\varepsilon^2 + m\varepsilon \ ,$$

$$\sigma_{\mathbf{x}}^2 = \rho_{\mathbf{x}}^2 - \mu_{\mathbf{x}}^2 = m(m-1)\varepsilon^2 + m\varepsilon - (m\varepsilon)^2 = m\varepsilon(1-\varepsilon) = \mu_{\mathbf{x}}(1-\varepsilon) \ .$$

Es gilt also

$$\mu_{\mathbf{x}} = m\varepsilon \quad \text{und} \quad \sigma_{\mathbf{x}}^2 = m\varepsilon(1-\varepsilon) = \mu_{\mathbf{x}}(1-\varepsilon) \ .$$

Die "relative Streuung" σ_x/μ_x nimmt mit der Anzahl m der Versuche ab:

$$\frac{\sigma_x}{\mu_x} = \frac{1}{\sqrt{m}} \sqrt{\frac{1-\varepsilon}{\varepsilon}} \quad .$$

Bild 3.14 zeigt Beispiele von Binomialverteilungen für m = 10 , 100 und 1000 und $\varepsilon = 0.1$ bzw. $\varepsilon = 0.5$. Dargestellt ist die Verteilung der Wahrscheinlichkeiten P_n über einer (normierten) n/m-Achse. Die Diagramme zeigen deutlich, daß sich die Verteilungen für wachsende Blocklänge m immer stärker um den jeweiligen Mittelwert konzentrieren.

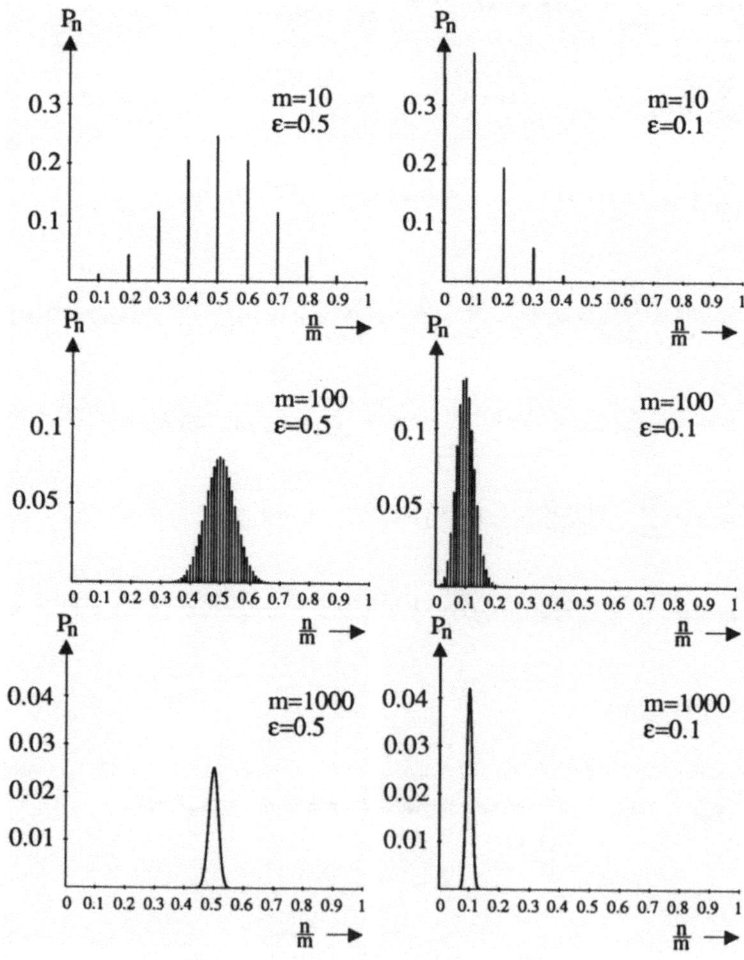

Bild 3.14: Binomialverteilungen für verschiedene Werte der Parameter m und ε

POISSON-VERTEILUNG. Wir machen nun den Parameter m der Binomialverteilung (Anzahl der Einzelexperimente) sehr groß, wählen dabei aber $\varepsilon = P[A]$ so, daß $\mu_x = m\varepsilon$ endlich bleibt (ε ist dann also sehr klein). In der Grenze erhalten wir für die Wahrscheinlichkeit P_n des n-maligen Eintretens des Ergebnisses A bei m Versuchsdurchführungen

$$\lim_{\substack{m \to \infty \\ (m\varepsilon = \mu_x)}} P_n = \lim_{\substack{m \to \infty \\ (m\varepsilon = \mu_x)}} \binom{m}{n} \varepsilon^n (1-\varepsilon)^{m-n} = \lim_{m \to \infty} \binom{m}{n} \left(\frac{\mu_x}{m}\right)^n \left(1 - \frac{\mu_x}{m}\right)^{m-n} =$$

$$= \lim_{m \to \infty} \frac{m(m-1)\ldots(m-n+1)}{n!} \frac{\mu_x^n}{m^n} \left(1 - \frac{\mu_x}{m}\right)^m \left(1 - \frac{\mu_x}{m}\right)^{-n} =$$

$$= \frac{\mu_x^n}{n!} \underbrace{\lim_{m \to \infty} \frac{m(m-1)\ldots(m-n+1)}{m^n}}_{1} \underbrace{\lim_{m \to \infty} \left(1 - \frac{\mu_x}{m}\right)^m}_{e^{-\mu_x}} \cdot \underbrace{\lim_{m \to \infty} \left(1 - \frac{\mu_x}{m}\right)^{-n}}_{1} = e^{-\mu_x} \frac{\mu_x^n}{n!} \ .$$

Eine diskrete Zufallsvariable x, die die diskreten Werte $n \in \mathbb{N}_0$ mit den obigen Wahrscheinlichkeiten annimmt, wird **Poisson-verteilt** genannt. Die Poisson-Verteilung ist also der Grenzfall der Binomialverteilung, wenn die Anzahl der Versuchsdurchführungen unendlich wird, der Mittelwert μ_x dabei aber fest bleibt. Die WDF einer Poisson-verteilten Zufallsvariablen ist

$$p_x(\xi) = \sum_{n=0}^{\infty} P_n \, \delta(\xi - n) \qquad \text{mit} \qquad P_n = e^{-\mu_x} \frac{\mu_x^n}{n!} \ ;$$

als einziger Parameter tritt hier der Mittelwert μ_x auf. Für die Varianz der Poisson-Verteilung erhält man aus der Varianz der Binomialverteilung

$$\sigma_x^2 = \lim_{\varepsilon \to 0} \mu_x (1-\varepsilon) = \mu_x \ .$$

Die Poissonverteilung ergibt sich als Lösung des folgenden Problems. Ein Ereignis A (z.B. das Vorbeifahren eines Fahrzeugs an einer Zählstelle) trete zu zufälligen Zeitpunkten t_i ein. Die Verteilung der Zeitpunkte t_i über die Zeitachse ist "gleichmäßig" in dem Sinn, daß die mittlere Anzahl der Zeitpunkte t_i in allen Zeitintervallen gleicher Dauer dieselbe ist. Es ist bekannt, daß innerhalb eines gewissen Zeitintervalls I_0 der Dauer T_0 (z.B. eine Stunde) das Ereignis A im Mittel N_0 mal eintritt; die mittlere Anzahl von Ereignissen A pro Zeiteinheit ist somit

$$\lambda = \frac{N_0}{T_0} \ .$$

Wie groß ist die Wahrscheinlichkeit dafür, daß in einem betrachteten Zeitintervall I der Dauer T das Ereignis A genau n mal eintritt?

Wir unterteilen zunächst das Intervall I_0 in m_0 hinreichend kleine Teilintervalle ΔI_k der Dauer ΔT (s. Bild 3.15); es gilt also

$$m_0 = \frac{T_0}{\Delta T} \; .$$

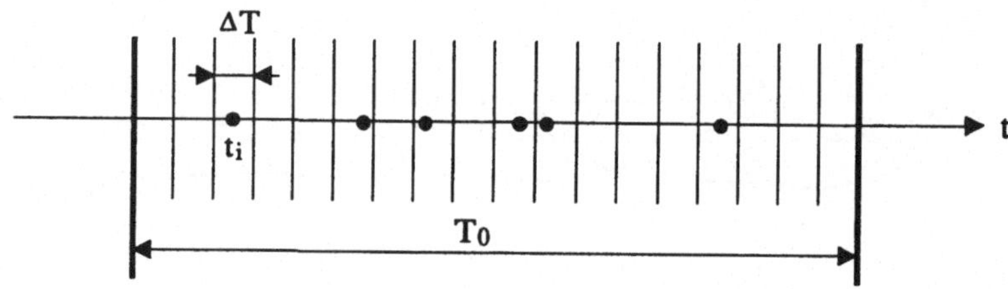

Bild 3.15: Zur Anwendung der Poisson-Verteilung

Im Intervall I_0 tritt das Ereignis A im Mittel N_0 mal ein. Dies bedeutet, daß von den m_0 in I liegenden Teilintervallen ΔI_k im Mittel N_0 Teilintervalle das Ereignis A enthalten. Die Wahrscheinlichkeit dafür, daß in einem betrachteten Teilintervall ΔI_k das Ereignis A eintritt, ist somit

$$\varepsilon = \frac{N_0}{m_0} = N_0 \frac{\Delta T}{T_0} = \lambda \, \Delta T \; .$$

Gesucht ist die Wahrscheinlichkeit P_n dafür, daß in einem Zeitintervall I der Dauer T das Ereignis A genau n mal eintritt. Wir nehmen an, daß das Intervall I m Teilintervalle ΔI_k enthält, sodaß

$$m = \frac{T}{\Delta T} \; .$$

Die Wahrscheinlichkeit P_n ist somit näherungsweise gleich der Wahrscheinlichkeit dafür, daß in einem Block von m Teilintervallen ΔI_k genau n dieser Teilintervalle das Ereignis A enthalten. Dies führt auf eine Binomialverteilung,

$$P_n \approx \binom{m}{n} \varepsilon^n (1-\varepsilon)^{m-n} \; .$$

Diese Näherung wird exakt für unendlich feine Unterteilung der Zeitachse, d.h. $\Delta T \to 0$. Bei diesem Grenzübergang wird $m \to \infty$ und $\varepsilon \to 0$, während der Mittelwert

$$\mu = m\varepsilon = \frac{T}{\Delta T}\,\lambda\,\Delta T = T\lambda$$

konstant bleibt. Somit erhält man für P_n eine Poissonverteilung,

$$P_n = e^{-\mu}\,\frac{\mu^n}{n!} \quad \text{mit} \quad \mu = T\lambda \ .$$

Der Mittelwert μ ist die mittlere Anzahl von Ereignissen A in einem Zeitintervall der Dauer T.

EXPONENTIALVERTEILUNG. Im soeben betrachteten Problem sei nun **x** die Dauer, die ab einem gewissen Anfangszeitpunkt bis zum erstmaligen Eintreten des Ereignisses A verstreicht. Offensichtlich gilt $\mathbf{x} > \xi$ mit $\xi > 0$ genau dann, wenn in einem anfänglichen Zeitintervall der Dauer $T = \xi$ das Ereignis A genau 0 mal eintritt; die Wahrscheinlichkeit des Ereignisses $\mathbf{x} > \xi$ ist somit

$$P[\mathbf{x}>\xi] = P_n\Big|_{\substack{n=0\\T=\xi}} = e^{-T\lambda}\,\frac{(T\lambda)^n}{n!}\Big|_{\substack{n=0\\T=\xi}} = e^{-\xi\lambda}\ , \qquad \xi > 0\ .$$

Für die Verteilungsfunktion der Zufallsvariablen **x** folgt

$$F_{\mathbf{x}}(\xi) = P[\mathbf{x}\leq\xi] = 1 - P[\mathbf{x}>\xi] = \begin{cases} 0\ , & \xi < 0 \\ 1 - e^{-\lambda\xi}\ , & \xi \geq 0 \end{cases},$$

und durch Differenzieren erhalten wir die WDF

$$p_{\mathbf{x}}(\xi) = \begin{cases} 0\ , & \xi < 0 \\ \lambda\,e^{-\lambda\xi}\ , & \xi \geq 0 \end{cases}.$$

Die Zufallsvariable **x** wird *exponentialverteilt* genannt. Für den Mittelwert gilt $\mu_{\mathbf{x}} = 1/\lambda$; somit lassen sich die WDF und Verteilungsfunktion schreiben gemäß

$$p_{\mathbf{x}}(\xi) = \begin{cases} 0\ , & \xi < 0 \\ \frac{1}{\mu_{\mathbf{x}}}e^{-\xi/\mu_{\mathbf{x}}}\ , & \xi \geq 0 \end{cases}, \qquad F_{\mathbf{x}}(\xi) = \begin{cases} 0\ , & \xi < 0 \\ 1 - e^{-\xi/\mu_{\mathbf{x}}}\ , & \xi \geq 0 \end{cases}.$$

Die Varianz einer exponentialverteilten Zufallsvariablen ist das Quadrat des Mittelwerts, $\sigma_{\mathbf{x}}^2 = \mu_{\mathbf{x}}^2$.

RAYLEIGH-VERTEILUNG. Sind **x** und **y** mittelwertfreie, Gauß-verteilte, statistisch unabhängige Zufallsvariablen mit identischer Varianz $\sigma_{\mathbf{x}}^2 = \sigma_{\mathbf{y}}^2 = \sigma^2$, dann ist die Zufallsvariable $\mathbf{z} = \sqrt{\mathbf{x}^2 + \mathbf{y}^2}$ *Rayleigh-verteilt*,

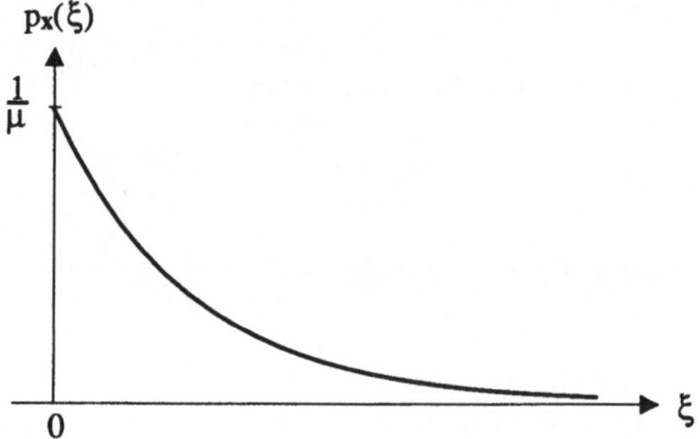

Bild 3.16: WDF einer exponentialverteilten Zufallsvariablen

$$p_{\mathbf{z}}(\zeta) = \begin{cases} 0 , & \zeta < 0 \\ \frac{\zeta}{b}\,e^{-\zeta^2/(2b)} , & \zeta \geq 0 \end{cases} , \qquad F_{\mathbf{z}}(\zeta) = \begin{cases} 0 , & \zeta < 0 \\ 1 - e^{-\zeta^2/(2b)} , & \zeta \geq 0 \end{cases}$$

mit $b = \sigma^2$. Für Mittelwert, Varianz und quadratischen Mittelwert einer Rayleigh-verteilten Zufallsvariablen gilt

$$\mu_{\mathbf{z}} = \sqrt{\frac{\pi b}{2}} , \qquad \sigma_{\mathbf{z}}^2 = b\left(2 - \frac{\pi}{2}\right) , \qquad \rho_{\mathbf{z}}^2 = 2b .$$

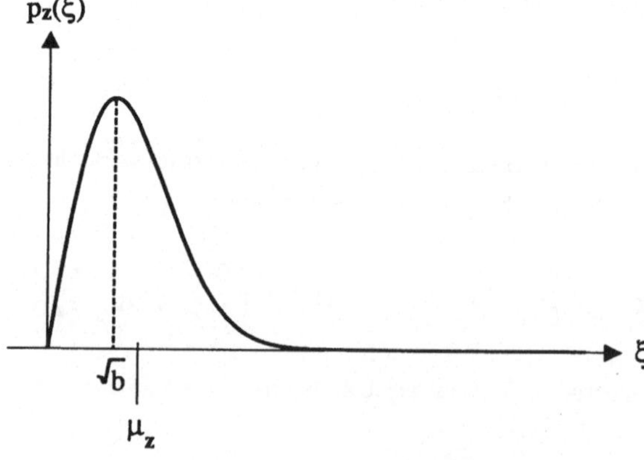

Bild 3.17: WDF einer Rayleigh-verteilten Zufallsvariablen

CAUCHY-VERTEILUNG. WDF und Verteilungsfunktion einer *Cauchy-verteilten* Zufalls-variablen sind gegeben durch

$$p_{\mathbf{z}}(\zeta) = \frac{b}{\pi} \frac{1}{b^2+\zeta^2} \;, \qquad\qquad F_{\mathbf{z}}(\zeta) = \frac{1}{2} + \frac{1}{\pi}\arctan\frac{\zeta}{b} \;.$$

Es gilt $\mu_{\mathbf{z}}=0$ und $\sigma_{\mathbf{z}}^2=\rho_{\mathbf{z}}^2=\infty$. Anwendung: sind $\mathbf{x}$ und $\mathbf{y}$ mittelwertfreie verbund-Gauß-verteilte Zufallsvariablen mit Varianzen $\sigma_{\mathbf{x}}^2$, $\sigma_{\mathbf{y}}^2$ und Korrelationskoeffizient $r_{\mathbf{x,y}}$, dann besitzt der Quotient $\mathbf{z} = \mathbf{x}/\mathbf{y}$ eine zum Mittelpunkt $\mu_{\mathbf{z}} = r_{\mathbf{x,y}}\sigma_{\mathbf{x}}/\sigma_{\mathbf{y}}$ verschobene Cauchy-Verteilung mit Parameter $b = \sqrt{1-r_{\mathbf{x,y}}^2}\;\sigma_{\mathbf{x}}/\sigma_{\mathbf{y}}$.

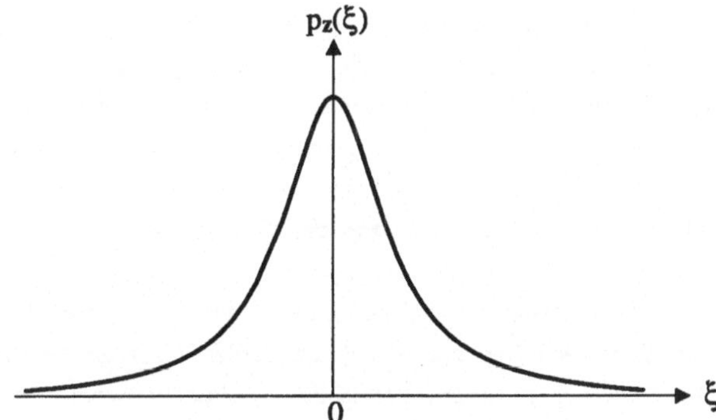

Bild 3.18: WDF einer Cauchy-verteilten Zufallsvariablen

4. PARAMETERSCHÄTZUNG

4.1 Schätzfunktionen und ihre Eigenschaften

STICHPROBEN UND SCHÄTZFUNKTIONEN. Gegeben sei eine Zufallsvariable $\mathbf{x}$ mit unbekanntem Mittelwert $\mu_{\mathbf{x}}$. Wir wollen den Mittelwert $\mu_{\mathbf{x}}$ messen ("schätzen"). Dazu führen wir das der Zufallsvariablen $\mathbf{x}$ zugrundeliegende Zufallsexperiment N mal durch, wobei die einzelnen Versuchsdurchführungen statistisch unabhängig seien. Bei der k-ten Versuchsdurchführung erhalten wir als "Realisierung" der Zufallsvariablen $\mathbf{x}$ eine reelle Zahl x_k. Die so gewonnenen N Zahlen x_k nennen wir ***Stichprobenwerte***; wir fassen sie zu einem Vektor $\underline{x}=(x_k)$ zusammen, den wir ***Stichprobe*** nennen. Die Anzahl N der Versuchsdurchführungen ist der ***Umfang der Stichprobe***.

Beispiel: $\mathbf{x}$ sei die Augenzahl eines Würfels. Wir führen das Zufallsexperiment "Werfen des Würfels" N=5 mal durch; dabei ergeben sich die Augenzahlen (*Stichprobenwerte*) $x_1=2$, $x_2=2$, $x_3=6$, $x_4=1$, $x_5=4$. Durch Zusammenfassung der Stichprobenwerte erhalten wir die *Stichprobe* $\underline{x}=(2,2,6,1,4)$ mit *Umfang* N=5.

Aus der Stichprobe $\underline{x}$ berechnen wir nun den ***Schätzwert*** $\hat{\mu}_{\mathbf{x}}$ für den Mittelwert $\mu_{\mathbf{x}}$ gemäß

$$\hat{\mu}_{\mathbf{x}} = s(\underline{x}) \ ,$$

wobei die ***Schätzfunktion*** $s(\underline{x})$ jeder Stichprobe $\underline{x}$ einen zugehörigen Schätzwert $\hat{\mu}_{\mathbf{x}}$ zuordnet. Die Schätzfunktion ist noch zu definieren; wir wählen z.B. den arithmetischen Mittelwert der Stichprobenwerte,

$$\hat{\mu}_{\mathbf{x}} = s(\underline{x}) = \frac{1}{N} \sum_{k=1}^{N} x_k \ .$$

Im Fall des obigen Würfelbeispiels ergibt sich $\hat{\mu}_{\mathbf{x}}=3$, was vom tatsächlichen Mittelwert $\mu_{\mathbf{x}}=3.5$ abweicht. Allerdings ist zu hoffen, daß diese Abweichung mit größerem Stichprobenumfang N kleiner wird.

Anstelle des Mittelwerts μ_x können wir natürlich auch andere Parameter der Zufallsvariablen x schätzen, z.B. die Varianz σ_x^2, das n-te Momemt $E\{x^n\}$ usw. Ganz allgemein
ermitteln wir einen Schätzwert $\hat{\Theta}$ für einen Parameter Θ der Zufallsvariablen x (bzw.
der WDF von x) gemäß

$$\hat{\Theta} = s(\underline{x}) ,$$

wobei s eine "passende" Schätzfunktion ist (für unterschiedliche Parameter Θ benötigt
man natürlich auch unterschiedliche Schätzfunktionen s).

EIGENSCHAFTEN VON SCHÄTZFUNKTIONEN. Es stellt sich nun die Frage, welche
Schätzfunktion s zur Schätzung eines bestimmten Parameters Θ geeignet ist. Diese
Frage kann i.a. nicht unabhängig von den Eigenschaften der Zufallsvariablen x be-
antwortet werden. Im folgenden sei deshalb angenommen, daß die WDF $p_x(\xi)$ der
Zufallsvariablen x _bis auf den (die) zu schätzenden Parameter_ bekannt ist. Beispiels-
weise wissen wir, daß die Zufallsvariable x Gauß-verteilt ist mit unbekannten
Parametern Mittelwert μ_x und Varianz σ_x^2.

Nach welchen Kriterien ist aber überhaupt die "Güte" einer Schätzfunktion zu
beurteilen? Bei vorgegebener Schätzfunktion s erhält man für unterschiedliche Stich-
proben $\underline{x}$ auch unterschiedliche Schätzwerte $\hat{\Theta}=s(\underline{x})$. Wir werden uns daher für gewisse
mittlere Eigenschaften der durch die Schätzfunktion s gegebenen Schätzwerte $\hat{\Theta}$
interessieren. Eine naheliegende Forderung ist z.B., daß der Schätzwert $\hat{\Theta}$ _im Mittel_
dem tatsächlichen Parameterwert Θ nahe kommt.

Für eine solche _statistische Analyse_ von Schätzfunktionen fassen wir die Stichprobenwerte x_k selbst als zufällig auf; sie sind dann Zufallsvariablen x_k, deren WDFs der
WDF von x gleich sind,

$$p_{x_k}(\xi) = p_x(\xi) .$$

Die Stichprobe $\underline{x} = (x_1, x_2, \ldots, x_N)$ ist dann eine N-dimensionale Zufallsvariable mit
Verbund-WDF

$$p_{x_1, x_2, \ldots, x_N}(\xi_1, \xi_2, \ldots, \xi_N) = \prod_{k=1}^{N} p_x(\xi_k) ,$$

wobei die statistische Unabhängigkeit der einzelnen Versuchsdurchführungen berücksichtigt wurde. Gemäß

$$\hat{\Theta} = s(\underline{x})$$

ist dann auch der $\hat{\Theta}$ eine *Zufallsvariable*, deren Eigenschaften einerseits von der Zufallsvariablen $\underline{x}$ (d.h. ihrer WDF) und andererseits von der jeweiligen Schätzfunktion s abhängen. Wir nennen die Zufallsvariable $\hat{\Theta}$ den durch die Schätzfunktion s vermittelten **Schätzer** für den Parameter Θ.

Wir interessieren uns zunächst für Mittelwert $E\{\hat{\Theta}\}$ und Varianz $\mathrm{var}\{\hat{\Theta}\}$ des Schätzers $\hat{\Theta}$. Ideal wäre natürlich $\hat{\Theta} = \Theta$, d.h. für jede Realisierung der Stichprobe $\underline{x}$ ist der Schätzer $\hat{\Theta}$ gleich dem tatsächlichen Parameterwert Θ. Dies würde voraussetzen, daß

$$E\{\hat{\Theta}\} = \Theta \qquad \text{und} \qquad \mathrm{var}\{\hat{\Theta}\} = 0 \ .$$

Für endlichen Stichprobenumfang N ist das leider unmöglich. Immerhin kann man aber fordern, daß der Erwartungswert $E\{\hat{\Theta}\}$ gleich Θ ist (oder zumindest Θ nahe kommt) und die Varianz $\mathrm{var}\{\hat{\Theta}\}$ möglichst klein ist. Wichtige Kenngrößen eines Schätzers sind daher der **Bias** oder **mittlere systematische Fehler**

$$b = E\{\hat{\Theta} - \Theta\} = E\{\hat{\Theta}\} - \Theta \ ,$$

der die mittlere (systematische) Abweichung vom tatsächlichen Parameterwert angibt, und die **Varianz**

$$v^2 = \mathrm{var}\{\hat{\Theta}\} = E\{(\hat{\Theta} - E\{\hat{\Theta}\})^2\} = E\{\hat{\Theta}^2\} - (E\{\hat{\Theta}\})^2 \ .$$

Schließlich ist der **mittlere quadratische Fehler** (*mean square error, MSE*) definiert als die mittlere quadratische Abweichung des Schätzers $\hat{\Theta}$ vom tatsächlichen Parameterwert,

$$e^2 = E\{(\hat{\Theta} - \Theta)^2\} \ .$$

Im theoretischen Idealfall $\hat{\Theta} = \Theta$ ist $e^2 = 0$. Mit

$$b^2 + v^2 = (E\{\hat{\Theta}\} - \Theta)^2 + E\{\hat{\Theta}^2\} - (E\{\hat{\Theta}\})^2 = E\{\hat{\Theta}^2\} - 2\Theta E\{\hat{\Theta}\} + \Theta^2 = E\{(\hat{\Theta} - \Theta)^2\}$$

erhalten wir die wichtige Beziehung

$$e^2 = b^2 + v^2 \ ,$$

die zeigt, daß Bias und Varianz in gewissem Sinn austauschbar sind.

Wir nennen einen Schätzer

- **erwartungstreu** (*unbiased*), wenn der Bias verschwindet: $b = 0$, $E\{\hat{\Theta}\} = \Theta$; hier ist dann der MSE gleich der Varianz, $e^2 = v^2$;

- **asymptotisch erwartungstreu** , wenn der Bias für unendlichen Stichprobenumfang $N \to \infty$ gegen null geht;

- **konsistent** (*consistent*), wenn für unendlichen Stichprobenumfang $N \to \infty$ sowohl Bias als auch Varianz verschwinden;

- **wirksam** (*efficient*), wenn der Schätzer erwartungstreu ist und es keinen anderen *erwartungstreuen* Schätzer mit kleinerer Varianz gibt (i.a. schwierig zu beweisen).

KONFIDENZINTERVALL UND KONFIDENZNIVEAU. Für eine statistische Abschätzung des **Schätzfehlers** $\Theta - \hat{\Theta}$ kann man die Wahrscheinlichkeit

$$P[a < \Theta - \hat{\Theta} < b] = \gamma$$

dafür berechnen, daß der Schätzfehler in einem Intervall (a,b) liegt. Die obige Gleichung läßt sich auf zwei Arten verbalisieren: 1) wie groß ist die Wahrscheinlichkeit γ für vorgegebene Intervallgrenzen a, b? und umgekehrt: 2) Welche Intervallgrenzen a, b erhält man für vorgegebene Wahrscheinlichkeit γ? Die konkrete Berechnung setzt die Kenntnis der WDF des Schätzers $\hat{\Theta}$ voraus, die gemäß $\hat{\Theta} = s(\underline{x})$ einerseits von der Schätzfunktion s und andererseits von der Verbund-WDF der Stichprobe $\underline{x}$ (d.h. der WDF der Zufallsvariablen **x**) abhängt.

Die obige Gleichung läßt sich auch schreiben als

$$P[A < \Theta < B] = \gamma \qquad \text{mit} \quad A = a + \hat{\Theta} , \ B = b + \hat{\Theta} .$$

Ist nun $\hat{\Theta} = s(\underline{x})$ der aufgrund einer konkreten Stichprobe $\underline{x}$ berechnete Schätzwert, dann sind die Grenzen $A = a + \hat{\Theta}$, $B = b + \hat{\Theta}$ determiniert. Das Intervall (A,B) wird **Konfidenz-intervall** genannt, und die Wahrscheinlichkeit γ heißt **Konfidenzniveau**. Bei bekanntem

Zusammenhang zwischen Konfidenzniveau und Konfidenzintervall läßt sich dann z.B. die folgende Aussage machen: "Für einen gegebenen Schätzwert $\hat{\Theta}$ liegt der tatsächliche Parameterwert Θ mit Wahrscheinlichkeit $\gamma=0.95$ im Intervall $(\hat{\Theta}-0.1, \hat{\Theta}+0.2)$."

4.2 Beispiele

1.) Wir diskutieren zunächst die Eigenschaften der durch

$$\hat{\mu}_{\mathbf{x}} = s(\underline{x}) = \frac{1}{N} \sum_{k=1}^{N} x_k$$

definierten Schätzfunktion für den Mittelwert $\mu_{\mathbf{x}}$. Der Erwartungswert des Schätzers $\hat{\mu}_{\mathbf{x}}$ ist

$$E\{\hat{\mu}_{\mathbf{x}}\} = \frac{1}{N} \sum_{k=1}^{N} E\{x_k\} = \frac{1}{N} \sum_{k=1}^{N} \mu_{\mathbf{x}} = \mu_{\mathbf{x}} \ ;$$

der Schätzer $\hat{\mu}_{\mathbf{x}}$ ist daher *erwartungstreu*, b=0. Zur Ermittlung der Varianz berechnen wir zunächst das quadratische Moment:

$$E\{\hat{\mu}_{\mathbf{x}}^2\} = E\left\{\left(\frac{1}{N}\sum_{k=1}^{N}x_k\right)^2\right\} = \frac{1}{N^2}\sum_{k=1}^{N}\sum_{l=1}^{N}E\{x_kx_l\} = \frac{1}{N^2}\left[\sum_{k=1}^{N}E\{x_k^2\} + \sum_{\substack{k=1\ l=1 \\ (k\neq l)}}^{N}\sum E\{x_kx_l\}\right] =$$

$$= \frac{1}{N^2}\left[\sum_{k=1}^{N}E\{x_k^2\} + \sum_{\substack{k=1\ l=1 \\ (k\neq l)}}^{N}\sum E\{x_k\}E\{x_l\}\right] = \frac{1}{N^2}\left[\sum_{k=1}^{N}E\{x^2\} + \sum_{\substack{k=1\ l=1 \\ (k\neq l)}}^{N}\sum (E\{x\})^2\right] =$$

$$= \frac{1}{N^2}\left[N\,\rho_{\mathbf{x}}^2 + N(N-1)\,\mu_{\mathbf{x}}^2\right] = \frac{1}{N}\left[\rho_{\mathbf{x}}^2 + (N-1)\,\mu_{\mathbf{x}}^2\right] \ ,$$

wobei die statistische Unabhängigkeit der Zufallsvariablen x_k verwendet wurde ($E\{x_kx_l\}= E\{x_k\}E\{x_l\}$ für $k\neq l$). Damit ist die Varianz

$$\mathrm{var}\{\hat{\mu}_{\mathbf{x}}\} = E\{\hat{\mu}_{\mathbf{x}}^2\} - (E\{\hat{\mu}_{\mathbf{x}}\})^2 = \frac{1}{N}\left[\rho_{\mathbf{x}}^2 + (N-1)\,\mu_{\mathbf{x}}^2\right] - \mu_{\mathbf{x}}^2 = \frac{1}{N}(\rho_{\mathbf{x}}^2 - \mu_{\mathbf{x}}^2) = \frac{1}{N}\sigma_{\mathbf{x}}^2 \ .$$

Für unendlichen Stichprobenumfang ($N \to \infty$) verschwindet die Varianz; der Schätzer $\hat{\mu}_{\mathbf{x}}$ ist daher *konsistent*. Diese Eigenschaften (Erwartungstreue und Konsistenz) sind hier übrigens unabhängig von der Verteilung (WDF) der Zufallsvariablen $\mathbf{x}$.

2.) Als nächstes bertrachten wir die durch

$$\hat{\sigma}_{\mathbf{x}}^2 = s(\underline{x}) = \frac{1}{N}\sum_{k=1}^{N}(x_k - \mu_{\mathbf{x}})^2$$

gegebene Schätzfunktion für die Varianz $\sigma_{\mathbf{x}}^2$ der Zufallsvariablen $\mathbf{x}$; dabei wird der Mittelwert $\mu_{\mathbf{x}}$ als bekannt vorausgesetzt. Der Erwartungswert ist

$$E\{\hat{\sigma}_{\mathbf{x}}^2\} = E\left\{\frac{1}{N}\sum_{k=1}^{N}(x_k^2 - 2x_k\mu_{\mathbf{x}} + \mu_{\mathbf{x}}^2)\right\} = \frac{1}{N}\sum_{k=1}^{N}\left(E\{x_k^2\} - 2\mu_{\mathbf{x}}E\{x_k\} + \mu_{\mathbf{x}}^2\right) =$$

$$= \frac{1}{N}\sum_{k=1}^{N}\left(\rho_{\mathbf{x}}^2 - 2\mu_{\mathbf{x}}^2 + \mu_{\mathbf{x}}^2\right) = \frac{1}{N}N\left(\rho_{\mathbf{x}}^2 - \mu_{\mathbf{x}}^2\right) = \sigma_{\mathbf{x}}^2 \ .$$

Der Schätzer $\hat{\sigma}_{\mathbf{x}}^2$ ist somit erwartungstreu. Weiters kann gezeigt werden, daß die Varianz $\mathrm{var}\{\sigma_{\mathbf{x}}^2\}$ für $N \to \infty$ gegen null geht; der Schätzer ist also auch konsistent.

3.) Nehmen wir schließlich den realistischeren Fall an, daß der Mittelwert $\mu_{\mathbf{x}}$ nicht bekannt ist. Wir definieren dann die Schätzfunktion s für die Varianz $\sigma_{\mathbf{x}}^2$ gemäß

$$\hat{\sigma}_{\mathbf{x}}^2 = s(\underline{x}) = \frac{1}{N}\sum_{k=1}^{N}(x_k - \hat{\mu}_{\mathbf{x}})^2 \ ,$$

wobei

$$\hat{\mu}_{\mathbf{x}} = \frac{1}{N}\sum_{k=1}^{N}x_k$$

der weiter oben untersuchte Schätzwert für den Mittelwert $\mu_{\mathbf{x}}$ ist. Für den Erwartungswert erhalten wir

$$E\{\hat{\sigma}_{\mathbf{x}}^2\} = E\left\{\frac{1}{N}\sum_{k=1}^{N}(x_k^2 - 2x_k\hat{\mu}_{\mathbf{x}} + \hat{\mu}_{\mathbf{x}}^2)\right\} = \frac{1}{N}\left(\sum_{k=1}^{N}E\{x_k^2\} - 2\sum_{k=1}^{N}E\{x_k\hat{\mu}_{\mathbf{x}}\} + \sum_{k=1}^{N}E\{\hat{\mu}_{\mathbf{x}}^2\}\right) =$$

$$\frac{1}{N}\sum_{l=1}^{N}x_l$$

$$= \frac{1}{N}\left(\sum_{k=1}^{N} \rho_x^2 - 2\frac{1}{N}\underbrace{\sum_{k=1}^{N}\sum_{l=1}^{N} E\{x_k x_l\}}_{N^2 E\{\hat{\mu}_x^2\}\ (\text{s.o.})} + \sum_{k=1}^{N} E\{\hat{\mu}_x^2\} \right) = \frac{1}{N}\left(N\rho_x^2 - 2N\,E\{\hat{\mu}_x^2\} + N\,E\{\hat{\mu}_x^2\} \right) =$$

$$= \rho_x^2 - E\{\hat{\mu}_x^2\} = \rho_x^2 - \frac{1}{N}\left[\rho_x^2 + (N-1)\,\mu_x^2 \right] = \frac{N-1}{N}(\rho_x^2 - \mu_x^2) = \frac{N-1}{N}\,\sigma_x^2 \ .$$

Der Schätzer $\hat{\sigma}_x^2$ ist also nicht erwartungstreu; der Bias ist

$$b = E\{\hat{\sigma}_x^2\} - \sigma_x^2 = -\frac{1}{N}\,\sigma_x^2 \ .$$

Für $N\to\infty$ geht der Bias aber gegen null; somit ist der Schätzer immerhin asymptotisch erwartungstreu. Weiters kann gezeigt werden, daß $\mathrm{var}\{\hat{\sigma}_x^2\}\to 0$ für $N\to\infty$; der Schätzer ist also auch konsistent. Definiert man schließlich die Schätzfunktion gemäß

$$\hat{\sigma}_x'^2 = s'(\underline{x}) = \frac{1}{N-1}\sum_{k=1}^{N}\left(x_k - \hat{\mu}_x\right)^2 = \frac{N}{N-1}\,\hat{\sigma}_x^2 \ ,$$

so ist dieser modifizierte Schätzer auch erwartungstreu.

4.3 Maximum-Likelihood-Schätzer

DAS MAXIMUM-LIKELIHOOD-PRINZIP. Das *Maximum-Likelihood-Prinzip* erlaubt die systematische Konstruktion von "guten" Schätzfunktionen. Voraussetzung ist hier, daß die WDF der Zufallsvariablen **x** bekannt ist (natürlich nur bis auf die zu schätzenden Parameter). Es sei also **x** eine Zufallsvariable, deren WDF $p_x(\xi;\underline{\Theta})$ von K unbekannten Parametern $\Theta_1, \Theta_2, ..., \Theta_K$ abhängt, die wir im Parametervektor $\underline{\Theta}=(\Theta_i)$ zusammenfassen. Anhand einer gegebenen Stichprobe $\underline{x}$ vom Umfang N sollen die Parameter Θ_i geschätzt werden. Wie weiter oben erwähnt, ist die Verbund-WDF der (als N-dimensionale Zufallsvariable aufgefaßten) Stichprobe $\underline{x}$

$$p_{\underline{x}}(\xi_1, \xi_2, ..., \xi_N;\ \underline{\Theta}) = \prod_{k=1}^{N} p_x(\xi_k;\ \underline{\Theta}) \ ;$$

sie hängt natürlich ebenfalls von den Parametern Θ_i ab und wird (als Funktion dieser Parameter, d.h. für feste ξ_k) **Likelihood-Funktion** genannt. Wie wir sehen werden, ist es oft (insbesondere bei Gauß-verteilter Zufallsvariablen $\mathbf{x}$) günstig, statt der Likelihood-Funktion die *Log-Likelihood-Funktion*

$$\ln p_{\underline{\mathbf{x}}}(\xi_1,\xi_2,\ldots,\xi_N;\underline{\Theta}) = \sum_{k=1}^{N} \ln p_{\mathbf{x}}(\xi_k;\underline{\Theta})$$

zu betrachten.

Der *Maximum-Likelihood-Schätzwert* (ML-Schätzwert) $\underline{\hat{\Theta}}_{ML}=s_{ML}(\underline{x})$ für den Parameter-vektor $\underline{\Theta}$ ist nun durch jene Parameterwerte Θ_i gegeben, bei denen die Likelihood-Funktion für die gegebene Stichprobe $\underline{x}$ maximal wird,

$$\underline{\hat{\Theta}}_{ML} : \quad p_{\underline{\mathbf{x}}}(x_1,x_2,\ldots,x_N;\underline{\Theta}) \longrightarrow \max_{\underline{\Theta}} .$$

Interpretation: für $\underline{\Theta}=\underline{\hat{\Theta}}_{ML}$ ist die Wahrscheinlichkeit dafür, daß die Stichprobe $\underline{\mathbf{x}}$ in einer kleinen Umgebung der gemessenen Stichprobe $\underline{x}$ liegt, maximal (beachte, daß die Wahrscheinlichkeit dafür, daß $\underline{\mathbf{x}}$ genau gleich $\underline{x}$ ist, für beliebige Parameter $\underline{\Theta}$ i.a. verschwindet; deswegen müssen wir eine kleine Umgebung um $\underline{x}$ betrachten). Etwas ungenau ausgedrückt, maximiert also der Parametervektor $\underline{\Theta}=\underline{\hat{\Theta}}_{ML}$ die Wahrschein-lichkeit des Auftretens der gemessenen Stichprobe $\underline{\hat{x}}$.

Die Analogie zu dem in Abschnitt 2.4 betrachteten ML-Empfänger wird dann klar, wenn man auch den Parametervektor $\underline{\Theta}$ als zufällig auffaßt, also als K-dimensionale Zufalls-variable $\underline{\Theta}$. An die Stelle der WDF $p_{\underline{\mathbf{x}}}(\xi_1,\xi_2,\ldots,\xi_N;\underline{\Theta})$ der Stichprobe tritt dann die *bedingte* WDF (für gegebenes $\underline{\Theta}$) $p_{\underline{\mathbf{x}}}(\xi_1,\xi_2,\ldots,\xi_N|\underline{\Theta}=\underline{\Theta})$. Das Schätzproblem besteht nun offensichtlich darin, aus einer beobachteten Realisierung $\underline{x}$ der Zufallsvariablen $\underline{\mathbf{x}}$ auf die zugrundeliegende Realisierung der Zufallsvariablen $\underline{\Theta}$ rückzuschließen. Dabei ist der Zusammenhang zwischen $\underline{\Theta}$ und $\underline{\mathbf{x}}$ selbst zufällig; er wird durch die bedingte WDF $p_{\underline{\mathbf{x}}}(\xi_1,\xi_2,\ldots,\xi_N|\underline{\Theta}=\underline{\Theta})$ beschrieben. Der ML-Schätzwert maximiert diese bedingte WDF für die gegebene Stichprobe, $p_{\underline{\mathbf{x}}}(x_1,x_2,\ldots,x_N|\underline{\Theta}=\underline{\Theta}) \to \max_{\underline{\Theta}}$.- Zum Vergleich: der Empfänger im diskreten Kanalmodell von Abschnitt 2.4 muß aus einer beobachteten Realisierung r_j der Zufallsvariablen $\mathbf{r}$ auf die zugrundeliegende Realisierung der Zufallsvariablen $\mathbf{m}$ rückschließen. Dabei ist der Zusammenhang zwischen $\mathbf{m}$ und $\mathbf{r}$ selbst zufällig; er wird durch die bedingten Wahrscheinlichkeiten $P[r_j|m_i]$ beschrieben. Der ML-Empfänger maximiert die bedingte Wahrscheinlichkeit für das gegebene r_j, $P[r_j|m_i] \to \max_{m_i}$.- Der einzige Unterschied zwischen den beiden Problemen bzw. Lösungen besteht also darin, daß die Zufallsvariablen $\mathbf{m}$ und $\mathbf{r}$ eindimensional und diskret, die Zufallsvariablen $\underline{\Theta}$ und $\underline{\mathbf{x}}$ dagegen i.a. mehrdimensional und kontinuierlich sind.

EIGENSCHAFTEN UND BERECHNUNG. ML-Schätzer weisen eine Reihe angenehmer Eigenschaften auf. Insbesondere sind sie (mit relativ weiten Einschränkungen) konsistent und asymptotisch wirksam; für $N \to \infty$ ist der ML-Schätzer $\hat{\underline{\Theta}}_{ML}$ weiters verbund-Gauß-verteilt mit Mittelwert $\underline{\Theta}$. Für hinreichend großen Stichprobenumfang N liefern ML-Schätzer also sicherlich gute Ergebnisse.

Wie findet man nun den ML-Schätzwert $\hat{\underline{\Theta}}_{ML}$ für eine gegebene WDF $p_{\underline{x}}(x_1,x_2,...,x_N; \underline{\Theta})$? Da der ML-Schätzwert $\hat{\underline{\Theta}}_{ML}$ die Likelihood-Funktion maximiert, ist er eine Lösung des K-dimensionalen Gleichungssystems

$$\frac{\partial}{\partial \Theta_i}\, p_{\underline{x}}(x_1,x_2,...,x_N; \underline{\Theta}) = 0\ , \qquad i = 1,2,..,K\ .$$

(diese Gleichungen sind *notwendige* Bedingungen). Andererseits maximiert der ML-Schätzwert auch die *Log*-Likelihood-Funktion,

$$\hat{\underline{\Theta}}_{ML}\ : \qquad \ln p_{\underline{x}}(x_1,x_2,...,x_N; \underline{\Theta}) \longrightarrow \max_{\underline{\Theta}}\ ,$$

denn der Logarithmus ist streng monoton und erhält somit die Stelle des Maximums. Der ML-Schätzwert ist also gleichzeitig eine Lösung des Gleichungssystems

$$\frac{\partial}{\partial \Theta_i}\, \ln p_{\underline{x}}(x_1,x_2,...,x_N; \underline{\Theta}) = 0\ , \qquad i = 1,2,..,K\ .$$

Welche Gleichungen für die Berechnung günstiger sind, hängt von der WDF $p_{\mathbf{x}}(\xi;\underline{\Theta})$ der Zufallsvariablen $\mathbf{x}$ ab.

Beispiel: Die zu schätzenden Parameter sind Mittelwert $\mu_{\mathbf{x}}$ und Varianz $\sigma_{\mathbf{x}}^2$ einer Gauß-verteilten Zufallsvariablen $\mathbf{x}$. Likelihood- und Log-Likelihood-Funktion sind somit

$$p_{\underline{x}}(x_1,x_2,...,x_N; \mu_{\mathbf{x}},\sigma_{\mathbf{x}}^2) = \prod_{k=1}^{N} \frac{1}{\sqrt{2\pi}\,\sigma_{\mathbf{x}}}\, e^{-\frac{1}{2}\left(\frac{x_k-\mu_{\mathbf{x}}}{\sigma_{\mathbf{x}}}\right)^2} = \frac{1}{(\sqrt{2\pi}\,\sigma_{\mathbf{x}})^N}\, e^{-\frac{1}{2}\sum_{k=1}^{N}\left(\frac{x_k-\mu_{\mathbf{x}}}{\sigma_{\mathbf{x}}}\right)^2}$$

$$\ln p_{\underline{x}}(x_1,x_2,...,x_N; \mu_{\mathbf{x}},\sigma_{\mathbf{x}}^2) = -N \ln\left(\sqrt{2\pi}\,\sigma_{\mathbf{x}}\right) - \frac{1}{2}\sum_{k=1}^{N}\left(\frac{x_k-\mu_{\mathbf{x}}}{\sigma_{\mathbf{x}}}\right)^2$$

Die ML-Schätzwerte $\hat{\mu}_{\mathbf{x},ML}$ und $\hat{\sigma}_{\mathbf{x},ML}^2$ ergeben sich als Lösungen des Gleichungssystems

$$\frac{\partial}{\partial \mu_{\mathbf{x}}} \ln p_{\underline{\mathbf{x}}}(x_1, x_2, \ldots, x_N; \mu_{\mathbf{x}}, \sigma_{\mathbf{x}}^2) = 0 \quad \ldots\ldots\ldots \quad \sum_{k=1}^{N} (x_k - \mu_{\mathbf{x}}) = 0$$

$$\frac{\partial}{\partial \sigma_{\mathbf{x}}^2} \ln p_{\underline{\mathbf{x}}}(x_1, x_2, \ldots, x_N; \mu_{\mathbf{x}}, \sigma_{\mathbf{x}}^2) = 0 \quad \ldots\ldots\ldots \quad \frac{1}{\sigma_{\mathbf{x}}^2} \sum_{k=1}^{N} (x_k - \mu_{\mathbf{x}})^2 - N = 0$$

zu

$$\hat{\mu}_{\mathbf{x}, ML} = \frac{1}{N} \sum_{k=1}^{N} x_k \quad , \qquad \hat{\sigma}_{\mathbf{x}, ML}^2 = \frac{1}{N} \sum_{k=1}^{N} (x_k - \hat{\mu}_{\mathbf{x}, ML})^2 \quad .$$

Diese Schätzer wurden bereits weiter oben betrachtet und als (asymptotisch) erwartungstreu und konsistent erkannt.

5. STOCHASTISCHE PROZESSE

5.1 Konzept und Beschreibung stochastischer Prozesse

KONZEPT. Bei einer *Zufallsvariablen* **x** wurde jedem Versuchsausgang (Ergebnis) ω eines Zufallsexperiments Z eine reelle Zahl x über eine Abbildung $x=x(\omega)$ zugeordnet.

Ein **Zufallssignal** oder **stochastischer Prozeß (SP)** $x(t)$ wird analog konstruiert, indem jedem Ergebnis ω eines zugrundeliegenden Zufallsexperiments Z ein *Signal* $x(t)$ über eine Abbildung $x(t)=x(t;\omega)$ zugeordnet wird. Es wird also aus einer **Schar** (einem "Ensemble") möglicher Signale ein Signal zufällig ausgewählt. Die Signale der Schar werden **Realisierungen** oder **Musterfunktionen** genannt.

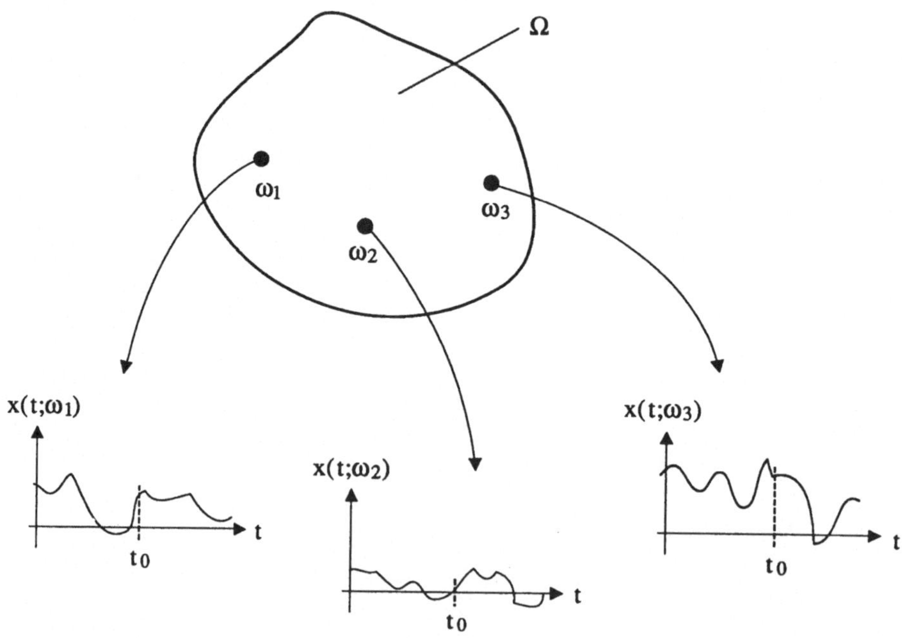

Bild 5.1: Zufällige Auswahl einer Realisierung eines stochastischen Prozesses

Der Abtastwert $x(t_0)$ eines SP $x(t)$ zu einem gegebenen Zeitpunkt t_0 stellt eine *Zufallsvariable* dar: $x(t_0;\omega)=x_0(\omega)$. In jedem Zeitpunkt t_i erhalten wir i.a. eine andere Zufallsvariable $x(t_i)$. Der SP $x(t)$ kann somit auch als *"zeitliche Abfolge von Zufalls- variablen"* oder als (überabzählbare) *"Familie von Zufallsvariablen"* interpretiert werden. Zwischen den Zufallsvariablen $x(t_i)$ bestehen i.a. statistische Abhängigkeiten.

Es existieren also zwei Interpretationen eines SP:

1) als Schar von Signalen (den Realisierungen), aus der ein Signal zufällig ausgewählt wird; dieses Auswählen ist das Ergebnis eines Zufallsexperiments Z;

2) als Familie von (zeitlich geordneten) Zufallsvariablen.

Zur Veranschaulichung dieser beiden Interpretationen verwenden wir das in Bild 5.2 dargestellte zweidimensionale Schema.

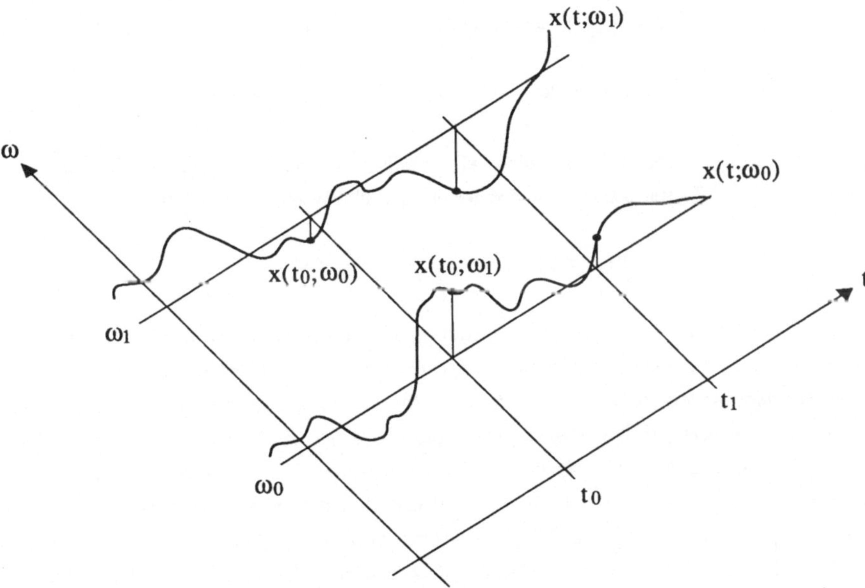

Bild 5.2: Symbolische Darstellung eines stochastischen Prozesses über der "Zeit-Ergebnis-Ebene"

Dabei ist die ω-Achse (Scharachse) i.a. symbolisch zu verstehen, da die Ergebnisse

ω des dem SP zugrundeliegenden Zufallsexperiments Z nicht unbedingt reelle Zahlen sind. Schneiden wir die *Scharachse* (entspricht einem Ergebnis $\omega=\omega_0$ des Zufallsexperiments Z), dann erhalten wir ein (determiniertes) *Signal* (eine Realisierung) $x_0(t)=x(t;\omega_0)$. Schneiden wir dagegen die *Zeitachse* (entspricht der Abtastung zu einem Zeitpunkt $t=t_0$), dann erhalten wir eine *Zufallsvariable* $x_0(\omega)=x(t_0;\omega)$. Schneiden wir schließlich sowohl die Schar- als auch die Zeitachse, $\omega=\omega_0$ und $t=t_0$, dann erhalten wir eine (determinierte) *Zahl* $x_0=x(t_0;\omega_0)$. Diese Zahl läßt sich als Abtastwert der Realisierung $x(t;\omega_0)$ zum Zeitpunkt t_0 oder als Realisierung der dem Zeitpunkt t_0 zugeordneten Zufallsvariablen $x(t_0;\omega)$ interpretieren.

Das die Auswahl der SP-Realisierungen bestimmende Zufallsexperiment Z kann sehr einfach oder auch äußerst kompliziert sein. Zur Illustration betrachten wir zwei extreme Beispiele.

A. Es sei $\mathbf{X}=X(\omega)$ eine auf dem Zufallsexperiment Z mit Ergebnissen ω beruhende Zufallsvariable mit WDF $p_{\mathbf{X}}(\xi)$. Wir konstruieren nun einen SP $\mathbf{x}(t)$ gemäß

$$\mathbf{x}(t) := \mathbf{X} \qquad \text{bzw.} \qquad x(t;\omega) := X(\omega) \ .$$

Jede Realisierung des SP ist also ein zeitlich konstantes Signal. Für die durch Abtastung zu N Zeitpunkten t_i gewonnenen Zufallsvariablen $\mathbf{x}(t_i)$ gilt

$$\mathbf{x}(t_1) = \mathbf{x}(t_2) = \ldots = \mathbf{x}(t_N) = \mathbf{X} \ ;$$

die Zufallsvariablen $\mathbf{x}(t_i)$ sind also *identisch*, d.h. die Bindung zwischen ihnen ist nicht bloß statistisch, sondern *deterministisch*. Kennt man den Wert einer einzigen Zufallsvariablen, dann kennt man auch die Werte aller anderen. Anders ausgedrückt, bedeutet das: kennt man die SP-Realisierung zu einem einzigen Zeitpunkt, dann kennt man die ganze Realisierung in ihrem gesamten zeitlichen Verlauf. Tatsächlich reduziert sich hier die Zufälligkeit des SP (der ja an sich aus überabzählbar unendlich vielen Zufallsvariablen besteht) auf die Zufälligkeit einer einzigen Zufallsvariablen (der Zufallsvariablen $\mathbf{X}$). Das der Zufallsvariablen $\mathbf{X}$ zugrundeliegende Zufallsexperiment Z ist gleichzeitig das dem SP $\mathbf{x}(t)$ zugrundeliegende Zufallsexperiment. Der SP ist also hier nicht komplizierter als eine Zufallsvariable.

Der eben beschriebene SP ist ein extremes Beispiel eines "singulären" SP, bei dem zwischen den einzelnen Zeitpunkten *deterministische* Bindungen bestehen.

B. Wir konstruieren einen SP $\mathbf{x}(t)$ auf folgende Weise: der jedem Zeitpunkt t_i zugeordneten Zufallsvariablen $\mathbf{x}(t_i)$ liege ein *eigenes* Zufallsexperiment Z_i zugrunde, wobei die Zufallsexperimente Z_i statistisch unabhängig seien. Damit sind dann auch die Zufallsvariablen $\mathbf{x}(t_i)$ statistisch unabhängig: zwischen den einzelnen Zeitpunkten des SP $\mathbf{x}(t)$ besteht also keine statistische Bindung. Das bedeutet: kennt man eine Realisierung des SP auf einem beliebig großen Zeitintervall, dann kann man über die Werte der Realisierung außerhalb dieses Intervalls überhaupt nichts aussagen; man kann nicht einmal Wahrscheinlichkeitsaussagen machen, da es ja keine statistischen Bindungen zwischen den einzelnen Zeitpunkten gibt.

Das dem SP $\mathbf{x}(t)$ zugrundeliegende Zufallsexperiment Z ist hier offensichtlich ein *zusammengesetztes* Zufallsexperiment: es setzt sich aus den den einzelnen Zeitpunkten t_i zugeordneten Zufallsexperimenten Z_i zusammen (das sind überabzählbar unendlich viele Zufallsexperimente; Z hat also eine extrem komplexe Struktur).

Dieser SP ist ein extremes Beispiel für einen "regulären" SP, bei dem zwischen den einzelnen Zeitpunkten höchstens statistische (jedenfalls aber keine deterministischen) Bindungen bestehen.

Das erste Beispiel zeigt übrigens, daß die durch das SP-Konzept ausgedrückte *Zufälligkeit* des Signals nicht mit einer "Unregelmäßigkeit des zeitlichen Verlaufs" gleichzusetzen ist: die Realisierungen des SP $\mathbf{x}(t)=\mathbf{X}$ werden zufällig ausgewählt, sind aber (als konstante Funktionen) in ihrem zeitlichen Verlauf äußerst regelmäßig. Die SP-Realisierungen müssen also nicht zwangsläufig das Aussehen von Rauschsignalen haben. Im zweiten Beispiel werden dagegen die Realisierungen einen extrem unregelmäßigen Zeitverlauf aufweisen. Allgemein werden die Realisierungen eines regulären SP einen regellosen Zeitverlauf haben (im Gegensatz zu den Realisierungen eines singulären SP).

STRENGE (VOLLSTÄNDIGE) BESCHREIBUNG STOCHASTISCHER PROZESSE. Wie bereits erwähnt, ist der Abtastwert $\mathbf{x}(t_0)$ eines SP $\mathbf{x}(t)$ zu einem gegebenen Zeitpunkt t_0 eine Zufallsvariable $\mathbf{x}_0=\mathbf{x}(t_0)$. Jedem Zeitpunkt t entspricht somit eine Zufallsvariable $\mathbf{x}(t)$, deren WDF $p_{\mathbf{x}(t)}(\xi)$ wir ***WDF 1. Ordnung*** des SP $\mathbf{x}(t)$ nennen und mit $p_{\mathbf{x}}^{(1)}(\xi;t)$ bezeichnen,

$$p_{\mathbf{x}}^{(1)}(\xi;t) := p_{\mathbf{x}(t)}(\xi) \ .$$

Diese WDF 1. Ordnung beschreibt den SP allerdings i.a. nicht ausreichend, weil sie nichts über die statistischen Abhängigkeiten zwischen den einzelnen Zeitpunkten (genauer: zwischen den den einzelnen Zeitpunkten t_i zugeordneten Zufallsvariablen $\mathbf{x}(t_i)$) aussagt.

Die Abtastwerte eines SP $\mathbf{x}(t)$ zu N Zeitpunkten $t_1, t_2, \ldots, t_N$ stellen N Zufallsvariablen $\mathbf{x}_1 = \mathbf{x}(t_1)$, $\mathbf{x}_2 = \mathbf{x}(t_2)$, ..., $\mathbf{x}_N = \mathbf{x}(t_N)$ dar, die durch die N-dimensionale Verbund-WDF $p_{\mathbf{x}_1, \mathbf{x}_2, \ldots, \mathbf{x}_N}(\xi_1, \xi_2, \ldots, \xi_N)$ vollständig (inklusive der statistischen Abhängigkeiten) beschrieben werden. Diese N-dimensionale Verbund-WDF nennen wir *WDF N-ter Ordnung* $p_{\mathbf{x}}^{(N)}(\xi_1, \xi_2, \ldots, \xi_N; t_1, t_2, \ldots, t_N)$ des SP $\mathbf{x}(t)$,

$$p_{\mathbf{x}}^{(N)}(\xi_1, \xi_2, \ldots, \xi_N; t_1, t_2, \ldots, t_N) := p_{\mathbf{x}(t_1), \mathbf{x}(t_2), \ldots, \mathbf{x}(t_N)}(\xi_1, \xi_2, \ldots, \xi_N) \ .$$

Ein SP ist *vollständig* beschrieben, wenn die WDF N-ter Ordnung $p_{\mathbf{x}}^{(N)}(\xi_1, \xi_2, \ldots, \xi_N; t_1, t_2, \ldots, t_N)$ für *beliebige Ordnung N* (insbesondere beliebig große Ordnung) und *beliebige Wahl der Zeitpunkte* $t_1, \ldots, t_N$ bekannt ist. Dies ist die *"strenge Beschreibung"* des SP. Die WDF N-ter Ordnung kann dabei auf zwei Arten spezifiziert werden:

1) Direkte Spezifikation. Die WDF N-ter Ordnung $p_{\mathbf{x}}^{(N)}(\xi_1, \xi_2, \ldots, \xi_N; t_1, t_2, \ldots, t_N)$ ist direkt durch einen analytischen Ausdruck gegeben (Beispiel: Gauß–Prozeß – s. Abschnitt 5.4).

2) Indirekte Spezifikation, parametrische SP-Beschreibung. Der SP $\mathbf{x}(t)$ selbst ist direkt durch einen analytischen Ausdruck vom Typ

$$\mathbf{x}(t) = f(t; \mathbf{a}_1, \mathbf{a}_2, \ldots, \mathbf{a}_K)$$

definiert, wobei $f(t; \mathbf{a}_1, \mathbf{a}_2, \ldots, \mathbf{a}_K)$ eine determinierte Zeitfunktion ist, die von K Parametern $\mathbf{a}_k$ abhängt, und $\mathbf{a}_1, \mathbf{a}_2, \ldots, \mathbf{a}_K$ K Zufallsvariablen sind, deren Verbund-WDF $p_{\mathbf{a}_1, \mathbf{a}_2, \ldots, \mathbf{a}_K}(\alpha_1, \alpha_2, \ldots, \alpha_K)$ bekannt (d.h. gegeben) ist. Dabei kann K auch unendlich sein. Aus diesen Angaben kann dann die WDF N-ter Ordnung abgeleitet werden. Die Zufälligkeit des (aus überabzählbar unendlich vielen Zufallsvariablen bestehenden) SP ist hier auf die Zufälligkeit von endlich vielen oder höchstens abzählbar unendlich vielen Zufallsvariablen reduziert.

Beispiele:

1) Der SP von Beispiel A ist durch $\mathbf{x}(t) = \mathbf{X}$ parametrisch spezifiziert. Die WDF N-ter Ordnung ist

$$p_{\mathbf{x}}^{(N)}(\xi_1,\xi_2,...,\xi_N;t_1,t_2,...,t_N) = p_{\mathbf{x}}(\xi_1)\,\delta(\xi_2-\xi_1)\,\delta(\xi_3-\xi_1)\cdots\delta(\xi_N-\xi_1)\ ,$$

da die Zufallsvariablen $\mathbf{x}(t_i)$ sämtlich identisch sind.

2) Für die WDF N-ter Ordnung des SP von Beispiel B, dessen Zufallsvariablen $\mathbf{x}(t_i)$ statistisch unabhängig sind, erhalten wir

$$p_{\mathbf{x}}^{(N)}(\xi_1,\xi_2,...,\xi_N;t_1,t_2,...,t_N) = p_{\mathbf{x}}^{(1)}(\xi_1;t_1)\,p_{\mathbf{x}}^{(1)}(\xi_2;t_2)\cdots p_{\mathbf{x}}^{(1)}(\xi_N;t_N)\ .$$

Da keine statistischen Abhängigkeiten zwischen den einzelnen Zeitpunkten bestehen, genügt hier bereits die WDF 1. Ordnung zur vollständigen Beschreibung.

3) Ein Beispiel für einen durch zwei Zufallsvariablen parametrisierten SP ist

$$\mathbf{x}(t) = \mathbf{A}\cos(\omega_0 t + \boldsymbol{\varphi})$$

mit ω_0 gegeben (determiniert),

   $\mathbf{A}$ und $\boldsymbol{\varphi}$ statistisch unabhängig,

   Zufallsvariable $\mathbf{A}$ Gauß-verteilt mit gegebenem Mittelwert $\mu_{\mathbf{A}}$ und

   gegebener Varianz $\sigma_{\mathbf{A}}^2$,

   Zufallsvariable $\boldsymbol{\varphi}$ gleichverteilt zwischen $-\pi$ und π.

   (Aus diesen Angaben folgt die Verbund-WDF von $\mathbf{A}$ und $\boldsymbol{\varphi}$!)

4) Es sei $\mathbf{x}(t)$ ein *T-periodischer SP*,

$$\mathbf{x}(t+T) = \mathbf{x}(t)\ ,$$

dessen Realisierungen $x(t)=x(t;\omega)$ (ω fest gedacht) T-periodische Signale sind und somit durch eine Fourierreihe dargestellt werden können,

$$x(t;\omega) = \sum_{k=-\infty}^{\infty} c_k(\omega)\, e^{jk\frac{2\pi}{T}t}\ .$$

Damit ergibt sich für den SP $\mathbf{x}(t)$ die parametrische Beschreibung

$$\mathbf{x}(t) = \sum_{k=-\infty}^{\infty} \mathbf{c}_k\, e^{jk\frac{2\pi}{T}t} = f(t;\mathbf{c}_0,\mathbf{c}_{\pm1},\mathbf{c}_{\pm2},...)\ .$$

Die (i.a. unendlich vielen) Fourierkoeffizienten $\mathbf{c}_k$ sind hier Zufallsvariablen; sie stellen die Parameter des SP $\mathbf{x}(t)$ dar.

SCHWACHE BESCHREIBUNG STOCHASTISCHER PROZESSE - MITTELWERT UND AKF.
Alle Beschreibungsformen und Parameter einer Zufallsvariablen x lassen sich unmittelbar
auf einen SP $x(t)$ übertragen. Wir definieren zunächst den **_Mittelwert_** $\mu_x(t)$ des SP $x(t)$
als den Mittelwert der dem Zeitpunkt t zugeordneten Zufallsvariablen $x=x(t)$,

$$\mu_x(t) := \mu_{x(t)} = E\{x(t)\} = \int_{-\infty}^{\infty} \xi\, p_x^{(1)}(\xi;t)\, d\xi \ .$$

Der Mittelwert $\mu_x(t)$ ist dabei i.a. eine Funktion der Zeit t. Analog definieren wir den
quadratischen Mittelwert oder die **_mittlere Leistung_** $\rho_x^2(t)$ des SP $x(t)$,

$$\rho_x^2(t) := \rho_{x(t)}^2 = E\{x^2(t)\} = \int_{-\infty}^{\infty} \xi^2\, p_x^{(1)}(\xi;t)\, d\xi$$

und die **_Varianz_** $\sigma_x^2(t)$ des SP $x(t)$,

$$\sigma_x^2(t) := \sigma_{x(t)}^2 = E\left\{\left[x(t)-\mu_x(t)\right]^2\right\} = \int_{-\infty}^{\infty}\left[\xi-\mu_x(t)\right]^2 p_x^{(1)}(\xi;t)\, d\xi \ .$$

Die Mittelung erfolgt dabei jeweils über die WDF (d.h. die Schar) und nicht über die
Zeit; wir sprechen deshalb auch von *Scharmittelwerten* (Zeitmittelwerte einer einzelnen
SP-Realisierung sind ebenfalls von Bedeutung; diese werden in Abschnitt 5.6 behandelt).

Betrachten wir nun zwei Zeitpunkte t_1, t_2 und die ihnen entsprechenden Zufallsvariablen
$x_1=x(t_1)$, $x_2=x(t_2)$, die durch die WDF 2. Ordnung $p_x^{(2)}(\xi_1,\xi_2;t_1,t_2)$ vollständig beschrieben sind. Wir definieren die **_Autokorrelationsfunktion (AKF)_** $R_x(t_1,t_2)$ des SP
$x(t)$ als die Korrelation der Zufallsvariablen $x(t_1)$ und $x(t_2)$,

$$R_x(t_1,t_2) := R_{x(t_1),x(t_2)} = E\{x(t_1)x(t_2)\} = \int_{-\infty}^{\infty}\int_{-\infty}^{\infty} \xi_1\xi_2\, p_x^{(2)}(\xi_1,\xi_2;t_1,t_2)\, d\xi_1 d\xi_2 \ .$$

Die AKF ist eine Funktion der beiden Zeitpunkte t_1 und t_2. Analog definieren wir die
Autokovarianzfunktion $C_x(t_1,t_2)$ des SP $x(t)$,

$$C_x(t_1,t_2) := C_{x(t_1),x(t_2)} = E\left\{\left[x(t_1)-\mu_x(t_1)\right]\left[x(t_2)-\mu_x(t_2)\right]\right\} =$$

$$= \int_{-\infty}^{\infty}\int_{-\infty}^{\infty} \left[\xi_1-\mu_x(t_1)\right]\left[\xi_2-\mu_x(t_2)\right] p_x^{(2)}(\xi_1,\xi_2;t_1,t_2)\, d\xi_1 d\xi_2 \ .$$

Es gelten die Beziehungen (vgl. Abschnitt 3.4)

$$R_x(t_2,t_1) = R_x(t_1,t_2) \ , \qquad C_x(t_2,t_1) = C_x(t_1,t_2) \ ,$$

$$\sigma_x^2(t) = \rho_x^2(t) - \mu_x^2(t) \quad , \qquad C_x(t_1,t_2) = R_x(t_1,t_2) - \mu_x(t_1)\,\mu_x(t_2) \quad ,$$

$$R_x(t,t) = \rho_x^2(t) \quad , \qquad C_x(t,t) = \sigma_x^2(t) \quad .$$

Ein SP $x(t)$ heißt *mittelwertfrei*, wenn sein Mittelwert für alle Zeitpunkte verschwindet,

$$\mu_x(t) \equiv 0 \quad .$$

Für einen mittelwertfreien SP sind Varianz und Leistung sowie AKF und Autokovarianzfunktion jeweils identisch,

$$\sigma_x^2(t) = \rho_x^2(t) \quad , \qquad C_x(t_1,t_2) = R_x(t_1,t_2) \quad .$$

Die (an sich unvollständige, aber in der Nachrichtentechnik sehr gebräuchliche) Charakterisierung eines SP durch Mittelwert $\mu_x(t)$ und AKF $R_x(t_1,t_2)$ nennen wir die *schwache Beschreibung* des SP $x(t)$. Anstelle der AKF $R_x(t_1,t_2)$ kann dabei auch die Autokovarianzfunktion $C_x(t_1,t_2)$ verwendet werden.

Beispiel. Wir berechnen Mittelwert $\mu_x(t)$ und AKF $R_x(t_1,t_2)$ des SP $x(t)=A\cos\omega_0 t$:

$$\mu_x(t) = E\{A\cos\omega_0 t\} = E\{A\}\cos\omega_0 t = \mu_A\cos\omega_0 t \quad ,$$

$$R_x(t_1,t_2) = E\{A\cos\omega_0 t_1 \cdot A\cos\omega_0 t_2\} = E\{A^2\}\cos\omega_0 t_1 \cos\omega_0 t_2 =$$

$$= \rho_A^2 \cos\omega_0 t_1 \cos\omega_0 t_2 \quad .$$

Daraus ergeben sich die mittlere Leistung $\rho_x^2(t)$ und die Varianz $\sigma_x^2(t)$:

$$\rho_x^2(t) = R_x(t,t) = \rho_A^2 \cos^2\omega_0 t \quad ,$$

$$\sigma_x^2(t) = \rho_x^2(t) - \mu_x^2(t) = \rho_A^2 \cos^2\omega_0 t - \mu_A^2 \cos^2\omega_0 t = \sigma_A^2 \cos^2\omega_0 t \quad .$$

5.2 Stationäre stochastische Prozesse

STATIONARITÄT. Ein *stationärer* SP ist dadurch ausgezeichnet, daß seine *statistischen*

Eigenschaften invariant gegenüber einer beliebigen zeitlichen Verschiebung des SP sind. Diese Eigenschaft der Stationarität bewirkt eine beträchtliche Vereinfachung der SP-Beschreibung. Weiters kann man für stationäre SPs ein *Spektrum* definieren und damit wie im Fall deterministischer Signale die Wirkung linearer zeitinvarianter Filter sehr bequem im Frequenzbereich beschreiben.

Ein SP heißt **streng stationär** *(strict-sense stationary)*, wenn seine WDF N-ter Ordnung invariant gegenüber einer zeitlichen Verschiebung ist,

$$p_{\mathbf{x}(t_1+T),\mathbf{x}(t_2+T),\ldots,\mathbf{x}(t_N+T)}(\xi_1,\xi_2,\ldots,\xi_N) = p_{\mathbf{x}(t_1),\mathbf{x}(t_2),\ldots,\mathbf{x}(t_N)}(\xi_1,\xi_2,\ldots,\xi_N)$$

bzw.

$$p_{\mathbf{x}}^{(N)}(\xi_1,\xi_2,\ldots,\xi_N;t_1+T,t_2+T,\ldots,t_N+T) = p_{\mathbf{x}}^{(N)}(\xi_1,\xi_2,\ldots,\xi_N;t_1,t_2,\ldots,t_N)$$

für beliebige Ordnung N und beliebige Zeitverschiebung T. Das bedeutet, daß die WDF N-ter Ordnung nicht von den absoluten Lagen der Zeitpunkte t_i, sondern nur mehr von den Differenzen (Abständen) t_i-t_j der Zeitpunkte abhängt. Insbesondere ist die WDF 1. Ordnung überhaupt *zeitunabhängig*, und die WDF 2. Ordnung hängt nur von der Differenz der beiden Zeitpunkte t_1 und t_2 ab:

$$p_{\mathbf{x}}^{(1)}(\xi;t) = p_{\mathbf{x}}^{(1)}(\xi) \quad , \qquad p_{\mathbf{x}}^{(2)}(\xi_1,\xi_2;t_1,t_2) = p_{\mathbf{x}}^{(2)}(\xi_1,\xi_2;t_2-t_1) \ .$$

(Um die Notation nicht unnötig aufzublähen, verwenden wir dieselben Funktionssymbole für den instationären und den stationären Fall, obwohl sich die Funktionen in der Anzahl der unabhängigen Variablen unterscheiden.) Für die Kenngrößen der schwachen Beschreibung (Mittelwert und AKF) folgt daraus unmittelbar

$$\mu_{\mathbf{x}}(t) = \mu_{\mathbf{x}} \quad , \qquad R_{\mathbf{x}}(t_1,t_2) = R_{\mathbf{x}}(t_2-t_1) :$$

der Mittelwert ist zeitunabhängig, und die AKF hängt nur von der Differenz der beiden Zeitpunkte t_1 und t_2 ab. Analoge Eigenschaften ergeben sich für die verwandten SP-Parameter:

$$\rho_{\mathbf{x}}^2(t) = \rho_{\mathbf{x}}^2 \ , \qquad \sigma_{\mathbf{x}}^2(t) = \sigma_{\mathbf{x}}^2 \ , \qquad C_{\mathbf{x}}(t_1,t_2) = C_{\mathbf{x}}(t_2-t_1) \ .$$

Wir nennen einen SP **schwach stationär** *(wide-sense stationary)*, wenn die obigen Eigenschaften für die Parameter der schwachen Beschreibung erfüllt sind; d.h. der Mittelwert $\mu_{\mathbf{x}}(t)$ ist zeitunabhängig und die AKF $R_{\mathbf{x}}(t_1,t_2)$ hängt nur von der Differenz

t_2-t_1 der beiden Zeitpunkte t_1,t_2 ab. Im allgemeinen kann daraus nicht auf die Verschiebungsinvarianz der WDF N-ter Ordnung geschlossen werden: aus der schwachen Stationarität folgt also nicht zwangsläufig die strenge Stationarität! Umgekehrt ist aber jeder streng stationäre SP auch immer schwach stationär. Ein SP, der nicht (zumindest schwach) stationär ist, heißt *instationär*.

Wir führen nun für die AKF $R_x(t_1,t_2)$ und die Autokovarianzfunktion $C_x(t_1,t_2)$ eines (i.a. instationären) SP $x(t)$ eine neue Schreibweise ein:

$$R_x(t,\tau) := E\{x(t+\tau)\,x(t)\} \ , \qquad C_x(t,\tau) := E\Big\{\big[x(t+\tau)-\mu_x(t+\tau)\big]\big[x(t)-\mu_x(t)\big]\Big\} \ .$$

Die neue Schreibweise folgt aus der alten durch die Substitution $t_1=t+\tau$, $t_2=t$. Dabei ist $\tau=t_2-t_1$ die Differenz der Zeitpunkte t_1 und t_2. Für einen (zumindest schwach) stationären SP $x(t)$ gilt dann

$$R_x(t,\tau) = R_x(\tau) \ , \qquad C_x(t,\tau) = C_x(\tau) :$$

AKF und Autokovarianzfunktion sind vom "absoluten Zeitpunkt" t unabhängig und nur mehr eine Funktion der Zeitdifferenz τ.

Im Fall der (schwachen) Stationarität gilt insbesondere

$$R_x(-\tau) = R_x(\tau) \ , \qquad\qquad C_x(-\tau) = C_x(\tau) \ ,$$

$$|R_x(\tau)| \leq R_x(0) = \rho_x^2 \ , \qquad\qquad |C_x(\tau)| \leq C_x(0) = \sigma_x^2 \ ,$$

$$C_x(\tau) = R_x(\tau) - \mu_x^2 \ .$$

Die AKF $R_x(\tau)$ (Autokovarianzfunktion $C_x(\tau)$) ist also eine gerade Funktion der Zeitdifferenz τ, die ihr Maximum im Ursprung $\tau=0$ annimmt und dort gleich der mittleren Leistung ρ_x^2 (Varianz σ_x^2) ist.

Als Erwartungswerte sind AKF $R_x(\tau)$ und Autokovarianzfunktion $C_x(\tau)$ determinierte Funktionen; sie charakterisieren die statistische Bindung zweier Zufallsvariablen des SP mit dem zeitlichen Abstand τ. Gilt insbesondere $R_x(\tau)=0$ für $|\tau| > \tau_0$, dann sind die Zufallsvariablen $x(t_1)$ und $x(t_2)$ *orthogonal*, falls $|t_1-t_2| > \tau_0$. Gilt $C_x(\tau)=0$ für $|\tau| > \tau_0$, dann sind die Zufallsvariablen $x(t_1)$ und $x(t_2)$ für $|t_1-t_2| > \tau_0$ *unkorreliert*.

ZYKLOSTATIONARITÄT. Das Konzept der Stationarität läßt sich noch etwas erweitern. In vielen Anwendungen von Technik, Biologie usw. treten SPs auf, deren statistische Eigenschaften eine periodische Struktur aufweisen. Ein SP heißt **streng zyklostationär**, wenn seine WDF N-ter Ordnung eine periodische Funktion der Zeitpunkte t_i ist,

$$p_{\mathbf{x}}^{(N)}(\xi_1,\xi_2,...,\xi_N;t_1+T_0,t_2+T_0,...,t_N+T_0) = p_{\mathbf{x}}^{(N)}(\xi_1,\xi_2,...,\xi_N;t_1,t_2,...,t_N)$$

mit gegebener *Periode* T_0. Die Kenngrößen der schwachen Beschreibung sind dann ebenfalls periodisch bezüglich des "absoluten Zeitpunkts" t,

$$\mu_{\mathbf{x}}(t+T_0) = \mu_{\mathbf{x}}(t) \ , \qquad \rho_{\mathbf{x}}^2(t+T_0) = \rho_{\mathbf{x}}^2(t) \ , \qquad \sigma_{\mathbf{x}}^2(t+T_0) = \sigma_{\mathbf{x}}^2(t) \ ,$$

$$R_{\mathbf{x}}(t+T_0,\tau) = R_{\mathbf{x}}(t,\tau) \ , \qquad C_{\mathbf{x}}(t+T_0,\tau) = C_{\mathbf{x}}(t,\tau) \ .$$

Sind die Kenngrößen der schwachen Beschreibung im obigen Sinn periodisch, dann heißt der SP **schwach zyklostationär**. Wieder folgt aus der strengen Zyklostationarität stets auch die schwache Zyklostationarität; der Umkehrschluß gilt i.a. nicht.

Ein T_0-*periodischer* SP,

$$\mathbf{x}(t+T_0) = \mathbf{x}(t) \qquad \text{für alle t} \ ,$$

ist stets auch streng zyklostationär mit der Periode T_0. Umgekehrt muß aber ein zyklostationärer SP nicht periodisch sein.

Ein zyklostationärer SP ist i.a. nicht stationär, da die Verschiebungsinvarianz nicht für beliebige Verschiebung T, sondern nur für $T=T_0$ (bzw. Vielfache von T_0) gilt. Einem streng (schwach) zyklostationären SP $\mathbf{x}(t)$ mit Periode T_0 läßt sich jedoch ein streng (schwach) *stationärer* SP $\overset{\circ}{\mathbf{x}}(t)$ zuordnen durch die Definition

$$\overset{\circ}{\mathbf{x}}(t) := \mathbf{x}(t-\vartheta) \ ,$$

wobei ϑ eine zwischen 0 und T_0 gleichverteilte und von $\mathbf{x}(t)$ statistisch unabhängige Zufallsvariable ist (gleichverteilter "Jitter"). Durch diese Transformation (die gewissermaßen eine zeitliche "Verschmierung" innerhalb einer Periode bewirkt) werden die Kenngrößen der strengen bzw. schwachen Beschreibung wie folgt transformiert:

$$p_{\mathbf{x}}^{(N)}(\xi_1,\xi_2,...,\xi_N;t_1,t_2,...,t_N) = \frac{1}{T_0} \int_0^{T_0} p_{\mathbf{x}}^{(N)}(\xi_1,\xi_2,...,\xi_N;t_1-\vartheta,t_2-\vartheta,...,t_N-\vartheta)\, d\vartheta$$

$$\mu_{\mathbf{x}} = \frac{1}{T_0} \int_0^{T_0} \mu_{\mathbf{x}}(\vartheta)\, d\vartheta \;, \qquad\qquad R_{\mathbf{x}}(\tau) = \frac{1}{T_0} \int_0^{T_0} R_{\mathbf{x}}(\vartheta,\tau)\, d\vartheta \quad \text{usw.}$$

Beispiel. Der SP $\mathbf{x}(t)=A \cos \omega_0 t$ ist ein periodischer SP (mit Periode $T_0=2\pi/\omega_0$) und deshalb streng zyklostationär. Mittelwert und AKF wurden weiter oben berechnet,

$$\mu_{\mathbf{x}}(t) = \mu_A \cos \omega_0 t \;, \qquad\qquad R_{\mathbf{x}}(t,\tau) = \rho_A^2 \cos \omega_0(t+\tau) \cos \omega_0 t \;;$$

sie sind tatsächlich T_0-periodisch in t. Wir betrachten nun den SP

$$\tilde{\mathbf{x}}(t) = \mathbf{x}(t-\vartheta) = A \cos \omega_0(t-\vartheta)$$

mit zwischen 0 und T_0 gleichverteilter und von $\mathbf{x}(t)$ (d.h. von A) statistisch unabhängiger Zeitverschiebung ϑ. Wir berechnen den Mittelwert:

$$\mu_{\tilde{\mathbf{x}}}(t) = E\{A \cos \omega_0(t-\vartheta)\} = E\{A\} \, E\{\cos \omega_0(t-\vartheta)\} = \mu_A \int_{-\infty}^{\infty} \cos \omega_0(t-\vartheta)\, p_\vartheta(\vartheta)\, d\vartheta =$$

$$= \mu_A \frac{1}{T_0} \int_0^{T_0} \cos \omega_0(t-\vartheta)\, d\vartheta = 0 \;,$$

wobei berücksichtigt wurde, daß 1) mit A und ϑ auch A und $y(\vartheta)=\cos \omega_0(t-\vartheta)$ statistisch unabhängig sind ($E\{A \cdot \cos \omega_0(t-\vartheta)\}=E\{A\} \, E\{\cos \omega_0(t-\vartheta)\}$) und 2) das Integral des Cosinus über eine Periode null ist.– In ähnlicher Weise ergibt sich die AKF zu

$$R_{\tilde{\mathbf{x}}}(t,\tau) = E\{A \cos \omega_0(t+\tau-\vartheta) \, A \cos \omega_0(t-\vartheta)\} = E\{A^2\} \, E\{\cos \omega_0(t+\tau-\vartheta) \cos \omega_0(t-\vartheta)\} =$$

$$= \rho_A^2 \frac{1}{2}\left[\cos \omega_0\tau + E\{\cos \omega_0(2t+\tau-2\vartheta)\}\right] = ... =$$

$$= \rho_A^2 \frac{1}{2} \cos \omega_0\tau \;.$$

Der SP $\tilde{\mathbf{x}}(t)$ ist zumindest schwach stationär, denn sein Mittelwert ist zeitunabhängig und seine AKF hängt nur von der Differenz der Zeitpunkte t_1 und t_2 ab (tatsächlich ist $\tilde{\mathbf{x}}(t)$ aber auch *streng* stationär, da der ursprüngliche SP $\mathbf{x}(t)$ streng zyklostationär war).

5.3 Leistungsdichtespektrum. Lineare zeitinvariante Systeme

DEFINITION DES LEISTUNGSDICHTESPEKTRUMS. Wir motivieren zunächst die weiter unten vorgenommene Definition des *Leistungsdichtespektrums* eines (zumindest schwach) stationären SP durch eine Analogiebetrachtung. Es sei x(t) ein reelles, *determiniertes* Signal mit endlicher Energie

$$E_x = \int_{-\infty}^{\infty} x^2(t)\ dt = \frac{1}{2\pi} \int_{-\infty}^{\infty} |X(\omega)|^2\, d\omega < \infty$$

(ω ist hier die Kreisfrequenz, nicht ein Ergebnis eines Zufallsexperiments!) und Spektrum

$$X(\omega) = \mathfrak{F}\{x(t)\} = \int_{-\infty}^{\infty} x(t)\, e^{-j\omega t} dt\ .$$

$|X(\omega)|^2$ ist das **Energiedichtespektrum** des Signals x(t). Wir definieren eine **zeitliche AKF** des determinierten Signals x(t) gemäß

$$r_x(\tau) := \int_{-\infty}^{\infty} x(t+\tau)\, x(t)\, dt$$

(an die Stelle der Erwartungswertbildung bei einem SP tritt hier also die zeitliche Integration). Analog zu der für einen stationären SP gültigen Beziehung $\rho_x^2 = R_x(0)$ gilt

$$E_x = r_x(0)\ .$$

Es kann leicht gezeigt werden, daß die Fouriertransformierte der zeitlichen AKF das Energiedichtespektrum $|X(\omega)|^2$ ergibt. Dazu stellen wir zunächst die AKF als Faltung der Signale x(t) und x(-t) dar:

$$r_x(\tau) = \int_{-\infty}^{\infty} x(t+\tau)\, x(t)\, dt = \int_{-\infty}^{\infty} x(\tau-t)\, x(-t)\, dt = x(t) * x(-t)\ .$$

Mit $\mathfrak{F}\{x(-t)\} = X(-\omega) = X^*(\omega)$ erhalten wir damit für die Fouriertransformierte der AKF

$$\mathfrak{F}\{r_x(\tau)\} = \mathfrak{F}\{x(t) * x(-t)\} = X(\omega)\cdot X^*(\omega) = |X(\omega)|^2\ ,$$

also das Energiedichtespektrum $|X(\omega)|^2$.

Nach dieser Betrachtung über *determinierte* Signale kehren wir nun zu unseren Zufallssignalen (SPs) zurück. Prinzipiell können wir auch für einen SP $x(t)$ die ***mittlere Energie*** E_x als Integral der mittleren Leistung $\rho_x^2(t)=E\{x^2(t)\}$ anschreiben,

$$E_x = \int_{-\infty}^{\infty} \rho_x^2(t)\, dt \ .$$

Für einen (schwach) *stationären* SP ist aber die mittlere Energie sicher unendlich,

$$E_x = \int_{-\infty}^{\infty} \rho_x^2(t)\, dt = \rho_x^2 \int_{-\infty}^{\infty} dt = \infty \ ;$$

daher existiert hier auch kein *Energiedichtespektrum*. Im Gegensatz zur mittleren Energie ist die *mittlere Leistung* ρ_x^2 eines stationären SP i.a. endlich. Wir suchen deshalb nach einer geeigneten Definition für die spektrale Dichte der mittleren Leistung ρ_x^2.

Analog zur Beziehung $|X(\omega)|^2=\mathfrak{F}\{r_x(\tau)\}$ für das Energiedichtespektrum im deterministischen Fall definieren wir das ***Leistungsdichtespektrum (LDS)*** $G_x(\omega)$ ***eines (zumindest schwach) stationären SP*** als Fouriertransformierte der AKF des SP:

$$\boxed{\ G_x(\omega) \ = \ \mathfrak{F}\{R_x(\tau)\} \ = \int_{-\infty}^{\infty} R_x(\tau)\, e^{-j\omega\tau}\, d\tau\ }$$

Da die AKF $R_x(\tau)$ eine gerade und reellwertige Funktion ist, ist auch das LDS eine reellwertige und gerade Funktion der Kreisfrequenz ω.

Die Brauchbarkeit der obigen Definition muß nun untersucht werden. Zunächst ergibt die Rücktransformation

$$R_x(\tau) \ = \ \mathfrak{F}^{-1}\{G_x(\omega)\} \ = \ \frac{1}{2\pi} \int_{-\infty}^{\infty} G_x(\omega)\, e^{j\tau\omega}\, d\omega \ .$$

Daraus folgt insbesondere

$$\frac{1}{2\pi} \int_{-\infty}^{\infty} G_x(\omega)\, d\omega \ = \ R_x(0) \ = \ \rho_x^2 \ .$$

Das Integral des LDS ergibt also tatsächlich die mittlere Leistung des SP. Anders ausgedrückt, verteilt das LDS $G_x(\omega)$ die mittlere Leistung ρ_x^2 über die Frequenzachse. Diese Tatsache genügt allerdings noch nicht für eine punktweise Interpretation des LDS als spektrale Leistungsdichte, denn diese Verteilung könnte auch "falsch" sein (z.B. stellenweise negativ, oder auch falsch in dem Sinn, daß Anteile der mittleren Leistung vom LDS falschen Frequenzen zugeordnet werden). Das folgende Beispiel macht einen einfachen Test. Eine allgemein gültige Rechtfertigung wird im nächsten Abschnitt gegeben werden.

Beispiel. Wir berechnen das LDS eines sinusförmigen SP mit der Kreisfrequenz ω_0. Intuitiv erwarten wir Spektrallinien bei $\pm\omega_0$. Der SP $x(t)=A\cos\omega_0 t$ wurde weiter oben als instationär (zyklostationär) erkannt; deshalb gehen wir auf den "stationarisierten" SP $\mathring{x}(t) = x(t-\vartheta) = A\cos\omega_0(t-\vartheta)$ über (s. Abschnitt 5.2). Dieser SP läßt sich auch schreiben gemäß

$$\mathring{x}(t) = A\cos(\omega_0 t + \varphi)$$

mit zwischen 0 und 2π gleichverteilter und von A statistisch unabhängiger Nullphase φ. Für die AKF erhielten wir weiter oben

$$R_{\mathring{x}}(\tau) = \frac{\rho_A^2}{2}\cos\omega_0\tau \quad ;$$

damit ergibt sich das LDS zu

$$G_{\mathring{x}}(\omega) = \mathfrak{F}\{R_x(\tau)\} = \frac{\rho_A^2}{2}\pi\left[\delta(\omega-\omega_0) + \delta(\omega+\omega_0)\right] .$$

Tatsächlich erhalten wir zwei Spektrallinien bei den "richtigen" Kreisfrequenzen $\pm\omega_0$.

Wir nehmen dieses Beispiel weiters zum Anlaß, das LDS auf *zyklostationäre* SPs auszudehnen: für einen (zumindest schwach) zyklostationären SP $x(t)$ definieren wir das LDS als das LDS des zugehörigen stationären SP $\mathring{x}(t) = x(t-\vartheta)$.

WIRKUNG EINES LINEAREN ZEITINVARIANTEN SYSTEMS AUF EINEN SP. Wir betrachten wieder zunächst determinierte Signale. Die Wirkung eines ***linearen zeit-invarianten Systems*** oder *Filters* läßt sich für *determinierte* Signale im Zeitbereich durch eine Faltung und im Frequenzbereich durch eine Multiplikation beschreiben:

$$y(t) \ = \ (h * x)(t) \ = \ \int_{-\infty}^{\infty} h(t-t') \, x(t') \, dt' \quad ,$$

$$Y(\omega) \ = \ H(\omega) \, X(\omega) \quad .$$

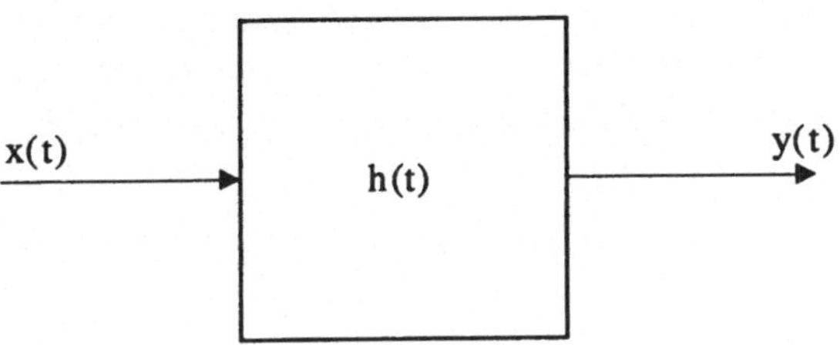

Bild 5.3: LTI–System

Dabei sind $x(t)$ und $y(t)$ jeweils Eingangs- und Ausgangssignal; $h(t)$ ist die Impulsantwort des linearen zeitinvarianten Systems (kurz: *LTI-Systems*, von linear time-Invariant), und $H(\omega)$ (Fouriertransformierte von $h(t)$) ist die Übertragungsfunktion des LTI-Systems. Analoge Eingangs-Ausgangs-Beziehungen erhalten wir nach einfacher Rechnung auch für AKF und Energiedichtespektrum:

$$r_y(\tau) \ = \ (r_h * r_x)(\tau) \ = \ \int_{-\infty}^{\infty} r_h(\tau-\tau') \, r_x(\tau') \, d\tau' \, ,$$

$$|Y(\omega)|^2 \ = \ |H(\omega)|^2 \, |X(\omega)|^2 \ .$$

Der *Gleichanteil*

$$m_x \ = \ \int_{-\infty}^{\infty} x(t) \, dt \ = \ X(0)$$

transformiert sich schließlich gemäß

$$m_y \ = \ m_h m_x \ = \ H(0) \, m_x \ .$$

Für determinierte Signale gilt also:

– der Gleichanteil des Ausgangssignals ist das Produkt des Gleichanteils der Impulsantwort und des Gleichanteils des Eingangssignals;

- die AKF des Ausgangssignals ist die Faltung der AKF der Impulsantwort mit der AKF des Eingangssignals;

- das Energiedichtespektrum des Ausgangssignals ist das Produkt des Energiedichtespektrums der Impulsantwort und des Energiedichtespektrums des Eingangssignals.

Wir gehen nun wieder auf *Zufallssignale* (SPs) über. Wie verändert sich ein SP beim Durchgang durch ein LTI-System? Es sei $\mathbf{x}(t)$ ein *schwach stationärer* SP. Legen wir $\mathbf{x}(t)$ an den Eingang des LTI-Systems, dann erhalten wir am Ausgang den SP

$$\mathbf{y}(t) = (h * \mathbf{x})(t) = \int_{-\infty}^{\infty} h(t-t')\, \mathbf{x}(t')\, dt' \ .$$

Diese Gleichung ist so zu verstehen, daß jede Realisierung $x(t;\omega)$ des SP $\mathbf{x}(t)$ eine zugehörige Realisierung $y(t;\omega)$ des SP $\mathbf{y}(t)$ ergibt gemäß

$$y(t;\omega) = \int_{-\infty}^{\infty} h(t-t')\, x(t';\omega)\, dt' \ .$$

Wir berechnen zunächst den *Mittelwert* des Ausgangsprozesses $\mathbf{y}(t)$:

$$\mu_\mathbf{y}(t) = E\{\mathbf{y}(t)\} = E\left\{\int_{-\infty}^{\infty} h(t-t')\, \mathbf{x}(t')\, dt'\right\} = \int_{-\infty}^{\infty} h(t-t')\, \underbrace{E\{\mathbf{x}(t')\}}_{\mu_\mathbf{x}\ (\mathbf{x}(t)\ \text{schwach stationär!})}\, dt' =$$

$$= \mu_\mathbf{x} \int_{-\infty}^{\infty} h(t-t')\, dt' = \mu_\mathbf{x} \int_{-\infty}^{\infty} h(t')\, dt' = m_h\, \mu_\mathbf{x} \ .$$

Für die *AKF* des Ausgangsprozesses $\mathbf{y}(t)$ erhalten wir

$$R_\mathbf{y}(t,\tau) = E\{\mathbf{y}(t+\tau)\,\mathbf{y}(t)\} = E\left\{\int_{-\infty}^{\infty} h(t+\tau-t_1)\,\mathbf{x}(t_1)\,dt_1 \cdot \int_{-\infty}^{\infty} h(t-t_2)\,\mathbf{x}(t_2)\,dt_2\right\} =$$

$$= \int_{-\infty}^{\infty}\int_{-\infty}^{\infty} h(t+\tau-t_1)\, h(t-t_2)\, E\{\mathbf{x}(t_1)\mathbf{x}(t_2)\}\, dt_1\, dt_2 = \begin{bmatrix}\text{Substitution}\\ t_1 = t'+\tau',\ t_2 = t'\end{bmatrix}$$

$$= \int_{-\infty}^{\infty}\int_{-\infty}^{\infty} h(t+\tau-t'-\tau')\, h(t-t')\, \underbrace{E\{\mathbf{x}(t'+\tau')\mathbf{x}(t')\}}_{R_\mathbf{x}(\tau')\ (\mathbf{x}(t)\ \text{schwach stationär!})}\, dt'\, d\tau' =$$

$$= \int_{-\infty}^{\infty} \left[\underbrace{\int_{-\infty}^{\infty} h((t-t')+(\tau-\tau'))\, h(t-t')\, dt'}_{\int_{-\infty}^{\infty} h(t'+(\tau-\tau'))\, h(t')\, dt' \; = \; r_h(\tau-\tau')} \right] R_x(\tau')\, d\tau' \; = \; \int_{-\infty}^{\infty} r_h(\tau-\tau')\, R_x(\tau')\, d\tau' \; .$$

Die Eingangs-Ausgangs-Beziehungen für Mittelwert und AKF im Fall eines schwach stationären Eingangs-SP lauten somit:

$$\mu_y = m_h\, \mu_x = H(0)\, \mu_x$$

$$R_y(\tau) = (r_h * R_x)(\tau) = \int_{-\infty}^{\infty} r_h(\tau-\tau')\, R_x(\tau')\, d\tau'$$

Diese Beziehungen sind analog zu den Eingangs-Ausgangs-Beziehungen für Gleichanteil und AKF im deterministischen Fall. Weiters stellen wir fest, daß der Mittelwert μ_y des Ausgangs-SP $y(t)$ zeitunabhängig ist und die AKF $R_y(\tau)$ nur von τ abhängt: *ein schwach stationärer SP bleibt beim Durchgang durch ein LTI-System schwach stationär* (auch die Eigenschaften der strengen Stationarität und der (strengen oder schwachen) Zyklostationarität bleiben erhalten). Es ist also auch für den Ausgangs-SP ein LDS definiert, und durch Fouriertransformation der Eingangs-Ausgangs–Beziehung für die AKF erhalten wir mit $|H(\omega)|^2 = \mathfrak{F}\{r_h(\tau)\}$ die sehr wichtige Beziehung:

$$G_y(\omega) = |H(\omega)|^2\, G_x(\omega)$$

Das LDS des Ausgangs-SP ergibt sich aus dem LDS des Eingangs-SP durch Multiplikation mit dem Energiedichtespektrum der Impulsantwort (Betragsquadrat der Übertragungsfunktion) des LTI-Systems. Ähnlich wie im determistischen Fall können wir also auch bei (stationären) Zufallssignalen die Wirkung eines LTI-Systems durch eine einfache Multiplikation im Frequenzbereich beschreiben. Für die *mittlere Leistung* des Ausgangs-SP erhalten wir

$$\rho_y^2 \;=\; \frac{1}{2\pi} \int_{-\infty}^{\infty} G_y(\omega)\, d\omega \;=\; \frac{1}{2\pi} \int_{-\infty}^{\infty} |H(\omega)|^2\, G_x(\omega)\, d\omega \;.$$

Mittels der Eingangs–Ausgangs–Beziehung für das LDS können wir eine strenge Rechtfertigung der punktweisen Interpretation des LDS als *spektrale Dichte der mittleren Leistung* geben und eine wichtige Eigenschaft des LDS zeigen. Dazu denken wir uns einen sehr schmalbandigen Bandpaß h(t) mit Mittenfrequenz ω_0 und (sehr kleiner) Bandbreite $\Delta\omega$:

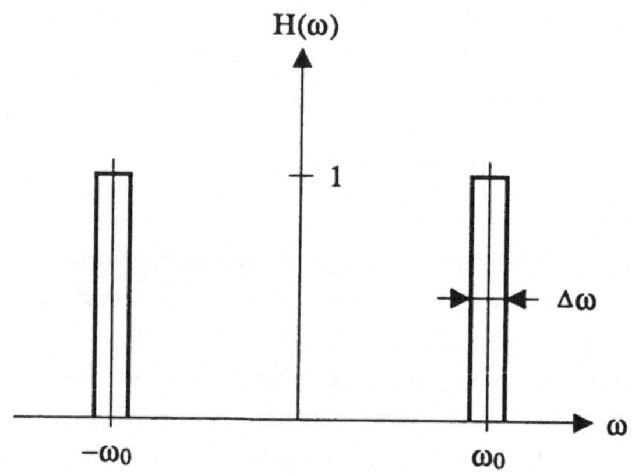

Bild 5.4: Übertragungsfunktion eines schmalbandigen idealisierten Bandpasses

Für einen beliebigen schwach stationären Eingangs-SP **x**(t) ist dann der Ausgangs-SP **y**(t) sicher ein *Schmalbandprozeß*, dessen Frequenzen ausschließlich im Durchlaßbereich des Bandpasses liegen. Tatsächlich verschwindet wegen $G_y(\omega)=|H(\omega)|^2 G_x(\omega)$ das Ausgangs-LDS $G_y(\omega)$ außerhalb des Durchlaßbereichs, und es gilt für die mittlere Ausgangsleistung

$$\rho_y^2 \;=\; \frac{1}{2\pi} \int_{-\infty}^{\infty} G_y(\omega)\, d\omega \;=\; \frac{1}{2\pi}\, 2 \int_{\omega_0-\frac{\Delta\omega}{2}}^{\omega_0+\frac{\Delta\omega}{2}} G_y(\omega)\, d\omega \;\approx\; \frac{1}{\pi} G_y(\omega_0)\, \Delta\omega \;.$$

Das LDS läßt sich somit tatsächlich als spektrale Dichte der mittleren Leistung interpretieren. Die mittlere Ausgangsleistung kann auch mit dem LDS des Eingangs-SP ausgedrückt werden,

$$\rho_{\mathbf{y}}^2 = \frac{1}{2\pi} \int_{-\infty}^{\infty} |H(\omega)|^2 \, G_{\mathbf{x}}(\omega) \, d\omega = \frac{1}{2\pi} \, 2 \int_{\omega_0 - \frac{\Delta\omega}{2}}^{\omega_0 + \frac{\Delta\omega}{2}} 1 \cdot G_{\mathbf{x}}(\omega) \, d\omega \approx$$

$$\approx \frac{1}{\pi} \, G_{\mathbf{x}}(\omega_0) \, \Delta\omega \;.$$

Mit $\rho_{\mathbf{y}}^2 \geq 0$ folgt daraus

$$G_{\mathbf{x}}(\omega) \geq 0 \qquad \text{für alle } \omega,$$

und da der Eingangs-SP völlig beliebig war, gilt ganz allgemein: *das LDS $G_{\mathbf{x}}(\omega)$ eines beliebigen schwach stationären SP $\mathbf{x}(t)$ ist eine nichtnegative Funktion.*

WEISSES RAUSCHEN. Ein (i.a. instationärer) SP $\mathbf{x}(t)$ heißt **streng weiß**, wenn die zwei verschiedenen Zeitpunkten t_1, t_2 zugeordneten Zufallsvariablen $\mathbf{x}(t_1)$, $\mathbf{x}(t_2)$ *statistisch unabhängig* sind,

$$p_{\mathbf{x}(t_1),\mathbf{x}(t_2)}(\xi_1,\xi_2) = p_{\mathbf{x}(t_1)}(\xi_1) p_{\mathbf{x}(t_2)}(\xi_2) \qquad \text{bzw.} \qquad p_{\mathbf{x}}^{(2)}(\xi_1,\xi_2;t_1,t_2) = p_{\mathbf{x}}^{(1)}(\xi_1;t_1) \, p_{\mathbf{x}}^{(1)}(\xi_2;t_2)$$

für $t_1 \neq t_2$. Die Zufallsvariablen $\mathbf{x}(t_1)$, $\mathbf{x}(t_2)$ sind dann jedenfalls auch unkorreliert,

$$C_{\mathbf{x}(t_1),\mathbf{x}(t_2)} = 0 \qquad \text{bzw.} \qquad C_{\mathbf{x}}(t_1,t_2) = 0 \qquad \text{für } t_1 \neq t_2$$

bzw. in der t,τ-Schreibweise

$$C_{\mathbf{x}}(t,\tau) = 0 \quad \text{für } \tau \neq 0 \;.$$

Es kann gezeigt werden, daß die Autokovarianzfunktion dann zwingend die Gestalt

$$C_{\mathbf{x}}(t,\tau) = q(t) \, \delta(\tau) \qquad \text{mit} \quad q(t) > 0$$

besitzt. Insbesondere folgt daraus, daß die Varianz $\sigma_{\mathbf{x}}^2(t) = C_{\mathbf{x}}(t,0)$ *unendlich* ist. Dasselbe gilt dann auch für die mittlere Leistung $\rho_{\mathbf{x}}^2(t) = \sigma_{\mathbf{x}}^2(t) + \mu_{\mathbf{x}}^2(t)$. Ein weißer SP ist somit ein idealisiertes theoretisches Konzept, das sich praktisch nie exakt realisieren läßt.

Ein SP heißt **_schwach weiß_**, wenn die beiden Zufallsvariablen $x(t_1)$, $x(t_2)$ _unkorreliert_ sind, sodaß jedenfalls

$$C_{\mathbf{x}}(t,\tau) = q(t)\,\delta(\tau) \; .$$

Da aus der statistischen Unabhängigkeit die Unkorreliertheit folgt, ist ein streng weißer SP auch immer schwach weiß; die Umkehrung gilt i.a. nicht.

Wir setzen nun zusätzlich voraus, daß der SP $\mathbf{x}(t)$ (zumindest schwach) _stationär_ ist. Für die Autokovarianzfunktion gilt dann

$$C_{\mathbf{x}}(\tau) = \tfrac{\eta}{2}\,\delta(\tau) \quad \text{mit} \quad \eta > 0 \; .$$

Mit Rücksicht auf allgemein übliche Konventionen schreiben wir $q(t) = \eta/2$; es stellt dann η das "einseitige" (d.h. für positive Kreisfrequenzen ω definierte) LDS dar. Für AKF und LDS folgt

$$R_{\mathbf{x}}(\tau) = C_{\mathbf{x}}(\tau) + \mu_{\mathbf{x}}^2 = \tfrac{\eta}{2}\,\delta(\tau) + \mu_{\mathbf{x}}^2 \; ,$$

$$G_{\mathbf{x}}(\omega) = \tfrac{\eta}{2} + \mu_{\mathbf{x}}^2\, 2\pi\,\delta(\omega) \; .$$

Das LDS besteht aus einem konstanten Anteil $\eta/2$ und einer (durch den Mittelwert $\mu_{\mathbf{x}}$ verursachten) Spektrallinie bei der Frequenz $\omega=0$. Üblicherweise wird bei einem weißen SP auch noch _Mittelwertfreiheit_ vorausgesetzt; in diesem Fall gilt dann einfach

$$R_{\mathbf{x}}(\tau) = \tfrac{\eta}{2}\,\delta(\tau) \; , \qquad\qquad G_{\mathbf{x}}(\omega) \equiv \tfrac{\eta}{2} :$$

die AKF eines schwach stationären, schwach weißen und mittelwertfreien SP ist Dirac-förmig; das LDS ist konstant (alle Frequenzen – insbesondere auch beliebig hohe – sind gleich stark vertreten). Bei praktisch realisierbaren Näherungen für einen weißen SP ist das LDS bis zu einer relativ hohen Grenzfrequenz konstant und strebt dann mehr oder weniger schnell gegen null. Die AKF ist dann kein idealer Dirac-Impuls, sondern besitzt eine von null verschiedene Breite; das bedeutet, daß die Zufallsvariablen hinreichend eng benachbarter Zeitpunkte mehr oder weniger stark korreliert sind; weiters sind die mittlere Leistung und die Varianz endlich. Ein solcher "fast weißer" SP mit Gaußscher WDF 1. Ordnung ist das in Abschnitt 5.7 behandelte thermische Widerstandsrauschen.

Legen wir einen (schwach stationären, schwach weißen und mittelwertfreien) SP $x(t)$ an den Eingang eines LTI-Systems $h(t)$, so sind AKF und LDS des Ausgangs-SP $y(t)$

$$R_y(\tau) = \tfrac{\eta}{2}\,\delta(\tau) * r_h(\tau) = \tfrac{\eta}{2}\,r_h(\tau) \quad ,$$

$$G_y(\omega) = \tfrac{\eta}{2}\,|H(\omega)|^2$$

und somit (bis auf den konstanten positiven Faktor $\eta/2$) gleich der AKF $r_h(\tau)$ bzw. dem Energiedichtespektrum $|H(\omega)|^2$ der *Impulsantwort des LTI-Systems*. Für die mittlere Ausgangsleistung erhalten wir

$$\rho_y^2(t) = R_y(0) = \tfrac{\eta}{2}\,r_h(0) = \tfrac{\eta}{2}\,E_h \quad .$$

Ein weißer SP wird auch als **weißes Rauschen** bezeichnet. Weißes Rauschen stellt einen Extremfall der "zeitlichen Ungeordnetheit" dar, bei dem die statistische Abhängigkeit bzw. Korrelation in verschiedenen Zeitpunkten minimal (nämlich nicht vorhanden) ist: bei einem weißen SP sind schon die Zufallsvariablen ganz nahe benachbarter Zeitpunkte statistisch unabhängig (im Fall der strengen Weißheit) bzw. unkorreliert (im Fall der schwachen Weißheit).

Beispiel. Wir berechnen AKF und LDS des Ausgangs $y(t)$ eines mit mittelwertfreiem weißem Rauschen $x(t)$ angeregten idealisierten Tiefpasses (Grenzfrequenz ω_g). Impulsantwort und Übertragungsfunktion des idealisierten Tiefpasses sind

$$h(t) = \tfrac{1}{\pi}\,\frac{\sin \omega_g t}{t} \quad , \qquad H(\omega) = \begin{cases} 1, & |\omega|<\omega_g \\ 0, & |\omega|>\omega_g \end{cases} \quad .$$

Es gilt $|H(\omega)|^2 = H(\omega)$ und damit auch $r_h(\tau) = h(\tau)$; AKF und LDS des Ausgangs-SP $y(t)$ sind daher

$$R_y(\tau) = \tfrac{\eta}{2}\,\tfrac{1}{\pi}\,\frac{\sin \omega_g \tau}{\tau} \quad , \qquad G_y(\omega) = \begin{cases} \eta/2, & |\omega|<\omega_g \\ 0 \ \ , & |\omega|>\omega_g \end{cases} \quad .$$

Die Breite der AKF $R_y(\tau)$ kann in erster Näherung durch die Breite

$$\tau_b = \frac{2\pi}{\omega_g}$$

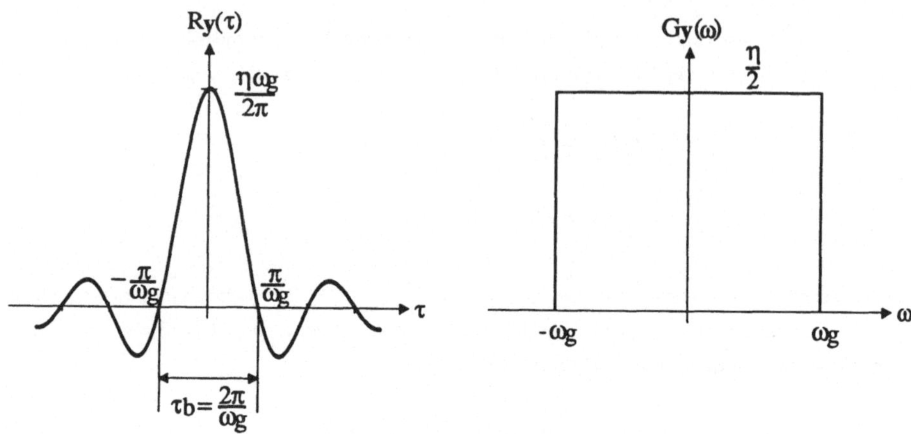

Bild 5.5: Autokorrelationsfunktion und Leistungsdichtespektrum von tiefpaßgefiltertem weißem Rauschen

des Hauptimpulses der AKF abgeschätzt werden. Damit folgt: *die AKF ist umso breiter, je schmalbandiger der Tiefpaß ist.* Zufallsvariablen $x(t_1)$, $x(t_2)$, deren Zeitpunkte t_1, t_2 weiter voneinander entfernt sind als die AKF–Breite τ_b,

$$|t_2 - t_1| > \tau_b = \frac{2\pi}{\omega_g} \ ,$$

sind nur mehr sehr schwach korreliert.

REGULÄRE UND SINGULÄRE PROZESSE. In Abschnitt 5.1 wurde gezeigt, daß die Realisierungen eines SP nicht unbedingt Signale mit unregelmäßigem bzw. ungeordnetem zeitlichem Verlauf sind; sie entsprechen also nicht zwangsläufig Rauschsignalen. Wir wollen an dieser Stelle auf die grundlegende Unterscheidung zwischen SPs mit *zeitlicher Regelmäßigkeit* und SPs mit *zeitlicher Unregelmäßigkeit* näher eingehen und definieren dazu zwei Klassen von SPs mit sehr verschiedenen Eigenschaften.

Zeitliche Regelmäßigkeit – singuläre Prozesse. Ein SP $x(t)$ heißt *singulär*, wenn er *vorhersagbar* im folgenden Sinn ist: kennt man eine Realisierung $x(t)$ für $t \leq t_0$, dann kann man daraus die "zukünftigen" Werte ($x(t)$ mit $t > t_0$) berechnen. Ein singulärer SP läßt sich *parametrisieren* gemäß

$$x(t) = f(t; a_1, a_2, .., a_K)$$

mit K Zufallsvariablen $\mathbf{a_1,a_2,..,a_K}$. Jede Realisierung der K Zufallsvariablen $\mathbf{a_k}$ ergibt dann eine Realisierung $x(t) = f(t;a_1,a_2,..,a_K)$ des SP; die zeitliche Regelmäßigkeit wird durch die Funktion f(t) ausgedrückt. Beispiel:

$$x(t) = f(t; A_1,A_2,..,A_N, \varphi_1,\varphi_2,..,\varphi_N) = \sum_{k=1}^{N} A_k \cos(\omega_k t + \varphi_k) \ .$$

Aus 2N Abtastwerten $x(t_i)$ einer Realisierung $x(t) = f(t; A_1,A_2,..,A_N, \varphi_1,\varphi_2,..,\varphi_N)$ lassen sich die Parameter A_k und φ_k berechnen; damit ist dann die Realisierung $x(t)$ auch für alle anderen Zeitpunkte t bekannt.

Zeitliche Unregelmäßigkeit – reguläre Prozesse. Ein ***regulärer*** SP $\mathbf{x}(t)$ läßt sich definitionsgemäß als (mit einem LTI-System) gefiltertes weißes Rauschen darstellen; sein LDS hat daher die Form

$$G_{\mathbf{x}}(\omega) = |H(\omega)|^2 \ ,$$

wobei $H(\omega)$ die Übertragungsfunktion eines LTI-Systems ist. Im Gegensatz zu einem singulären SP läßt sich ein regulärer Prozeß nicht durch eine abzählbare Menge von Zufallsvariablen parametrisieren. Aus der "Vergangenheit" ($x(t)$ mit $t \leq t_0$) einer Realisierung $x(t)$ läßt sich die "Zukunft" ($x(t)$ mit $t > t_0$) nicht exakt vorhersagen. Ein Extremfall der zeitlichen Unregelmäßigkeit ist das weiße Rauschen selbst ($|H(\omega)|^2$=const.), bei dem keine Korrelation zwischen unterschiedlichen Zeitpunkten besteht. Durch LTI-Filterung mit einer allgemeinen Übertragungsfunktion $H(\omega)$ wird zwischen verschiedenen Zeitpunkten eine Korrelation und damit eine statistische Abhängigkeit erzeugt (das Rauschsignal wird "gefärbt").

KREUZ-KORRELATIONSFUNKTION UND KREUZ-LDS. Das Konzept von AKF und LDS läßt sich auf *zwei verschiedene* SPs übertragen. Es seien $\mathbf{x}(t)$ und $\mathbf{y}(t)$ zwei (i.a. instationäre) SPs. Wir definieren die ***Kreuz-Korrelationsfunktion (KKF)*** $R_{\mathbf{x,y}}(t,\tau)$ und die ***Kreuz-Kovarianzfunktion*** $C_{\mathbf{x,y}}(t,\tau)$ gemäß

$$R_{\mathbf{x,y}}(t,\tau) = E\{\mathbf{x}(t+\tau)\mathbf{y}(t)\} \ , \qquad C_{\mathbf{x,y}}(t,\tau) = E\left\{\left[\mathbf{x}(t+\tau)-\mu_{\mathbf{x}}(t+\tau)\right]\left[\mathbf{y}(t)-\mu_{\mathbf{y}}(t)\right]\right\} \ .$$

Es besteht wieder der Zusammenhang

$$C_{\mathbf{x,y}}(t,\tau) = R_{\mathbf{x,y}}(t,\tau) - \mu_{\mathbf{x}}(t+\tau)\,\mu_{\mathbf{y}}(t) \ .$$

Wir nennen zwei SPs $x(t)$, $y(t)$

- *statistisch unabhängig*, wenn die Zufallsvariablen $x(t_i)$ und $y(t_j)$ für beliebige Zeitpunkte t_i, t_j statistisch unabhängig sind,

$$p_{x(t_i),y(t_j)}(\xi,\eta) = p_{x(t_i)}(\xi)\, p_{y(t_j)}(\eta) \; ;$$

- *unkorreliert*, wenn die Zufallsvariablen $x(t_i)$ und $y(t_j)$ für beliebige Zeitpunkte t_i, t_j unkorreliert sind, sodaß die Kreuz-Kovarianzfunktion der SPs $x(t)$, $y(t)$ identisch verschwindet,

$$C_{x,y}(t,\tau) \equiv 0 \; ;$$

- *orthogonal*, wenn die Zufallsvariablen $x(t_i)$ und $y(t_j)$ für beliebige Zeitpunkte t_i, t_j orthogonal sind, sodaß die KKF der SPs $x(t)$, $y(t)$ identisch verschwindet,

$$R_{x,y}(t,\tau) \equiv 0 \; ;$$

- *schwach verbundstationär*, wenn die einzelnen SPs $x(t)$, $y(t)$ jeweils schwach stationär sind und darüber hinaus auch ihre KKF (und damit auch ihre Kreuzkovarianzfunktion) nur von τ abhängt,

$$R_{x,y}(t,\tau) = R_{x,y}(\tau) \; , \qquad C_{x,y}(t,\tau) = C_{x,y}(\tau) \; .$$

Wieder folgt aus der *statistischen Unabhängigkeit* zweier SPs auch deren *Unkorreliertheit*. Die Begriffe *Unkorreliertheit* und *Orthogonalität* sind dann identisch, wenn zumindest einer der beiden SPs *mittelwertfrei* ist.

Für *schwach verbundstationäre* SPs $x(t)$, $y(t)$ gilt aufgrund der Definition von KKF bzw. Kreuzkovarianzfunktion

$$R_{y,x}(\tau) = R_{x,y}(-\tau) \; , \qquad C_{y,x}(\tau) = C_{x,y}(-\tau) \; .$$

Im Fall der schwachen Verbundstationarität definieren wir das ***Kreuz-LDS*** $G_{x,y}(\omega)$ als Fouriertransformierte der KKF,

$$G_{x,y}(\omega) = \mathfrak{F}\{R_{x,y}(\tau)\} = \int_{-\infty}^{\infty} R_{x,y}(\tau)\, e^{-j\omega\tau} d\tau \; .$$

Das Kreuz-LDS ist i.a. komplexwertig. Für zwei *orthogonale* SPs ist das Kreuz-LDS null,

$$R_{\mathbf{x},\mathbf{y}}(\tau) \equiv 0 \quad \Leftrightarrow \quad G_{\mathbf{x},\mathbf{y}}(\omega) \equiv 0 \ .$$

Man benötigt KKF, Kreuz-LDS und den Begriff der Verbundstationarität insbesondere zur Berechnung von AKF und LDS einer Linearkombination zweier SPs: sind die beiden SPs $\mathbf{x}(t)$ und $\mathbf{y}(t)$ schwach *verbundstationär* (getrennte Stationarität genügt hier nicht!), dann ist eine beliebige Linearkombination

$$\mathbf{z}(t) \ = \ a\,\mathbf{x}(t) + b\,\mathbf{y}(t) \qquad\qquad \text{(a,b determinierte Faktoren)}$$

wieder schwach stationär mit AKF und LDS

$$R_{\mathbf{z}}(\tau) \ = \ a^2\,R_{\mathbf{x}}(\tau) + b^2\,R_{\mathbf{y}}(\tau) + ab\left[R_{\mathbf{x},\mathbf{y}}(\tau)+R_{\mathbf{y},\mathbf{x}}(\tau)\right]$$

$$G_{\mathbf{z}}(\omega) \ = \ a^2\,G_{\mathbf{x}}(\omega) + b^2\,G_{\mathbf{y}}(\omega) + ab\left[G_{\mathbf{x},\mathbf{y}}(\omega)+G_{\mathbf{y},\mathbf{x}}(\omega)\right] \ .$$

Sind die SPs $\mathbf{x}(t)$ und $\mathbf{y}(t)$ darüber hinaus *orthogonal*, dann gilt einfach

$$R_{\mathbf{z}}(\tau) \ = \ a^2\,R_{\mathbf{x}}(\tau) + b^2\,R_{\mathbf{y}}(\tau) \ , \qquad\qquad G_{\mathbf{z}}(\omega) \ = \ a^2\,G_{\mathbf{x}}(\omega) + b^2\,G_{\mathbf{y}}(\omega) \ .$$

Sind $\mathbf{x}(t)$ und $\mathbf{y}(t)$ jeweils Eingangs-SP und Ausgangs-SP eines LTI-Systems und ist der Eingangs-SP $\mathbf{x}(t)$ schwach stationär, dann sind $\mathbf{x}(t)$ und $\mathbf{y}(t)$ *schwach verbund-stationär* mit KKF und Kreuz-LDS

$$R_{\mathbf{x},\mathbf{y}}(\tau) \ = \ \int_{\infty}^{\infty} h(\tau'-\tau)\,R_{\mathbf{x}}(\tau')\,d\tau' \ = \ h(-\tau) * R_{\mathbf{x}}(\tau)$$

$$G_{\mathbf{x},\mathbf{y}}(\omega) \ = \ H(-\omega)\,G_{\mathbf{x}}(\omega) \ = \ H^{*}(\omega)\,G_{\mathbf{x}}(\omega) \ ,$$

wobei die für reelle Impulsantworten h(t) gültige Identität $H(-\omega) = H^{*}(\omega)$ benützt wurde. Die letzte Gleichung zeigt, daß sich die Übertragungsfunktion eines LTI-Systems aus dem LDS des Eingangs-SP und dem Kreuz-LDS von Eingangs- und Ausgangs-SP berechnen läßt; dies ist die Grundlage für ein statistisches Verfahren zur Messung von Übertragungsfunktionen (hier nicht weiter erläutert).

Nehmen wir schließlich an, daß $y_1(t)$ und $y_2(t)$ die jeweiligen Ausgangs-SPs zweier LTI-Systeme mit Impulsantworten $h_1(t)$ bzw. $h_2(t)$ sind; die zugehörigen Eingangs-SPs seien $x_1(t)$ und $x_2(t)$:

$$y_1(t) = (h_1 * x_1)(t) \quad , \qquad y_2(t) = (h_2 * x_2)(t) \quad .$$

Wir setzen voraus, daß die Eingangs-SPs $x_1(t)$ und $x_2(t)$ schwach verbundstationär sind; dann sind auch die Ausgangs-SPs $y_1(t)$ und $y_2(t)$ schwach verbundstationär, und für KKF und Kreuz-LDS gilt

$$R_{y_1,y_2}(\tau) = \left(r_{h_1,h_2} * R_{x_1,x_2} \right)(\tau) \quad , \qquad G_{y_1,y_2}(\omega) = H_1(\omega) H_2^*(\omega) \cdot G_{x_1,x_2}(\omega) \quad ,$$

mit der (zeitlichen) KKF der Impulsantworten

$$r_{h_1,h_2}(\tau) = \int_{-\infty}^{\infty} h_1(t+\tau)\, h_2(t)\, dt \quad ,$$

deren Fouriertransformierte das "Kreuz-Energiedichtespektrum" $H_1(\omega) H_2^*(\omega)$ ist. Mit den obigen Eingangs-Ausgangs-Beziehungen können wir den folgenden Satz zeigen: *sind zwei (schwach verbundstationäre) SPs spektral disjunkt, dann sind sie auch orthogonal.*

Beweis: die SPs $x_1(t)$ und $x_2(t)$ seien spektral disjunkt, d.h. ihre LDS $G_{x_1}(\omega)$, $G_{x_2}(\omega)$ überlappen sich nicht,

$$G_{x_1}(\omega) G_{x_2}(\omega) \equiv 0 \quad .$$

Wir konstruieren nun zwei LTI-Systeme mit Übertragungsfunktionen $H_1(\omega)$ und $H_2(\omega)$ gemäß Bild 5.6; es gilt jedenfalls

$$H_1(\omega) H_2^*(\omega) \equiv 0 \quad .$$

Der Durchgang durch die Filter läßt die SPs $x_1(t)$ und $x_2(t)$ offensichtlich invariant; somit gilt

$$x_1(t) = (h_1 * x_1)(t) \quad , \qquad x_2(t) = (h_2 * x_2)(t)$$

und damit auch

$$G_{x_1,x_2}(\omega) = H_1(\omega) H_2^*(\omega) \cdot G_{x_1,x_2}(\omega) \equiv 0 \quad .$$

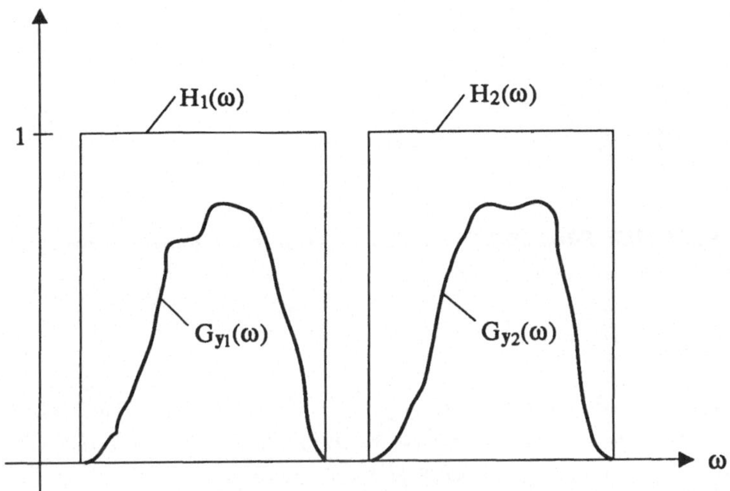

Bild 5.6: Zur Orthogonalität spektral disjunkter Prozesse

Das Kreuz-LDS der SPs $x_1(t)$ und $x_2(t)$ ist identisch null; dies zeigt, daß $x_1(t)$ und $x_2(t)$ orthogonale SPs sind.

5.4 Spezielle stochastische Prozesse

DETERMINIERTER PROZESS. Ein determiniertes Signal $x(t)$ läßt sich als Grenzfall eines SP $x(t)$ auffassen: alle Realisierungen $x(t,\omega)$ des *determinierten SP*

$$x(t) = x(t)$$

sind gleich dem Signal $x(t)$,

$$x(t,\omega) = x(t)$$

und damit unabhängig vom Ausgang ω des zugrundeliegenden Zufallsexperiments. Die WDF N-ter Ordnung ist dann offenbar

$$p_x^{(N)}(\xi_1,\xi_2,\ldots,\xi_N;t_1,t_2,\ldots,t_N) = \prod_{i=1}^{N} \delta(\xi_i - x(t_i)) \ .$$

Für Mittelwert und Varianz erhält man

$$\mu_{\mathbf{x}}(t) = x(t) \ , \qquad \sigma_{\mathbf{x}}^2(t) \equiv 0 \ :$$

die Determiniertheit des SP kommt durch die verschwindende Varianz zum Ausdruck. Ein determinierter SP ist i.a. instationär, sodaß kein LDS definiert ist.

ZEITLICH KONSTANTER PROZESS. In gewisser Weise dual zum determinierten SP mit $x(t,\omega)=x(t)$ ist der *zeitlich konstante* SP

$$\mathbf{x}(t) = \mathbf{X} \ ,$$

dessen Realisierungen $x(t,\omega) = X(\omega)$ unabhängig von der Zeit t und damit konstante Funktionen sind. Der konstante SP $\mathbf{x}(t) = \mathbf{X}$ ist durch die WDF $p_{\mathbf{X}}(\xi)$ der Zufallsvariablen $\mathbf{X}$ vollständig beschrieben, denn seine WDF N-ter Ordnung ist

$$p_{\mathbf{x}}^{(N)}(\xi_1,\xi_2,...,\xi_N;t_1,t_2,...,t_N) = p_{\mathbf{X}}(\xi_1) \prod_{i=2}^{N} \delta(\xi_i-\xi_1)$$

und damit insbesondere unabhängig von den Zeitpunkten $t_1,t_2,...,t_N$. Für die Parameter der schwachen Beschreibung folgt

$$\mu_{\mathbf{x}}(t) \equiv \mu_{\mathbf{X}} \ , \qquad \sigma_{\mathbf{x}}^2(t) \equiv \sigma_{\mathbf{X}}^2 \ , \qquad \rho_{\mathbf{x}}^2(t) \equiv \rho_{\mathbf{X}}^2 \ , \qquad R_{\mathbf{x}}(t,\tau) \equiv \rho_{\mathbf{X}}^2 \ , \qquad C_{\mathbf{x}}(t,\tau) \equiv \sigma_{\mathbf{X}}^2 \ .$$

Der konstante SP $\mathbf{x}(t) = \mathbf{X}$ ist streng stationär; sein LDS ist eine Spektrallinie bei Frequenz $\omega=0$,

$$G_{\mathbf{x}}(\omega) = \rho_{\mathbf{X}}^2 \ 2\pi \ \delta(\omega) \ .$$

SINUSFÖRMIGER PROZESS. Als Verallgemeinerung des konstanten SP kann der *sinusförmige* SP

$$\mathbf{x}(t) = \mathbf{A} \cos(\omega_0 t + \boldsymbol{\varphi})$$

angesehen werden, der bereits weiter oben betrachtet wurde. Wir fassen hier die oben abgeleiteten Ergebnisse zusammen. Der sinusförmige SP ist stationär, wenn die Phase $\boldsymbol{\varphi}$ gleichverteilt zwischen $-\pi$ und π sowie von der Amplitude $\mathbf{A}$ statistisch unabhängig ist; dies sei im folgenden angenommen. Für die Parameter der schwachen Beschreibung gilt dann

$$\mu_{\mathbf{x}} = 0 \ , \qquad \sigma_{\mathbf{x}}^2 = \rho_{\mathbf{x}}^2 = \frac{\rho_A^2}{2} \ , \qquad R_{\mathbf{x}}(\tau) = C_{\mathbf{x}}(\tau) = \frac{\rho_A^2}{2} \cos \omega_0 \tau \ .$$

Damit ist das LDS

$$G_{\mathbf{x}}(\omega) = \frac{\rho_A^2}{2} \pi \left[\delta(\omega - \omega_0) + \delta(\omega + \omega_0) \right] \ ;$$

es besteht aus zwei Spektrallinien bei $\omega = \pm\omega_0$.

GAUSS-VERTEILTER PROZESS. Ein SP $\mathbf{x}(t)$ heißt *Gauß-verteilt* oder *normalverteilt*, wenn die den Zeitpunkten t_i zugeordneten Zufallsvariablen $\mathbf{x}(t_i)$ verbund-Gauß-verteilt sind (vgl. Abschnitt 3.5). Für die WDF N-ter Ordnung erhält man somit

$$p_{\mathbf{x}}^{(N)}(\xi_1, \xi_2, \dots, \xi_N; t_1, t_2, \dots, t_N) = \frac{1}{\sqrt{(2\pi)^N \det \underline{C}}} \, e^{-\frac{1}{2}(\underline{\xi} - \underline{\mu})^+ \underline{C}^{-1}(\underline{\xi} - \underline{\mu})}$$

mit den Vektoren

$$(\underline{\xi})_i = \xi_i \ , \qquad (\underline{\mu})_i = \mu_{\mathbf{x}}(t_i)$$

und der Matrix

$$(\underline{C})_{ij} = C_{\mathbf{x}}(t_i, t_j) \ .$$

Die strenge Beschreibung (WDF N-ter Ordnung) folgt also hier aus der schwachen Beschreibung, d.h. aus der Kenntnis der Mittelwerte $\mu_{\mathbf{x}}(t_i)$ und der Kovarianzen $C_{\mathbf{x}}(t_i, t_j)$ bzw. Varianzen $\sigma_{\mathbf{x}}^2(t_i) = C_{\mathbf{x}}(t_i, t_i)$. Die Begriffe *streng stationär* und *schwach stationär* sowie *streng weiß* und *schwach weiß* sind beim Gauß-verteilten SP jeweils identisch: für einen Gauß- verteilten SP folgt also aus der schwachen Stationarität (Weißheit) auch die strenge Stationarität (Weißheit).

Die WDF N-ter Ordnung eines *weißen* Gauß-verteilten SP ist separierbar,

$$p_{\mathbf{x}}^{(N)}(\xi_1, \xi_2, \dots, \xi_N; t_1, t_2, \dots, t_N) = \prod_{i=1}^{N} p_{\mathbf{x}}^{(1)}(\xi_i; t_i) = \prod_{i=1}^{N} \frac{1}{\sqrt{2\pi} \, \sigma_{\mathbf{x}}(t_i)} \, e^{-\frac{1}{2}\left(\frac{\xi_i - \mu_{\mathbf{x}}(t_i)}{\sigma_{\mathbf{x}}(t_i)}\right)^2} \ ,$$

wobei allerdings aufgrund der Weißheit $\sigma_{\mathbf{x}}^2(t_i) \to \infty$. Somit sind die unterschiedlichen Zeitpunkten t_i zugeordneten Zufallsvariablen $\mathbf{x}(t_i)$ sämtlich statistisch unabhängig (und nicht bloß paarweise statistisch unabhängig).

Eine weitere wichtige Eigenschaft Gauß-verteilter SPs bezieht sich auf die Wirkung eines LTI-Systems: Legt man an den Eingang eines LTI-Systems einen Gauß-verteilten SP, dann ist auch der Ausgangs-SP wieder Gauß-verteilt, wobei sich (im Fall der Stationarität) die Kenngrößen der schwachen Beschreibung gemäß Abschnitt 5.3 transformieren.

PAM-PROZESS. Als spezifisch nachrichtentechnisches Beispiel betrachten wir nun die Übertragung von Daten mittels der *Puls-Amplituden-Modulation (PAM)*. Es sei die *Datenfolge* c_n (n=Zeitindex) eine zeitliche Folge von reellen Zahlen mit diskreten Werten (z.B. binär: c_n=0 oder 1). Zur Übertragung der Datenfolge c_n über einen Kanal bilden wir das zeitkontinuierliche Signal

$$x(t) = \sum_{n=-\infty}^{\infty} x_n(t) = \sum_{n=-\infty}^{\infty} c_n h(t-nT) \ ,$$

wobei $h(t)$ ein impulsförmiges determiniertes Signal ist. Der zum Taktzeitpunkt $t=nT$ verschobene und mit c_n gewichtete Impuls $x_n(t) = c_n h(t-nT)$ ist also der "Träger" des n-ten Datenwerts c_n; durch Überlagerung aller Datenkomponenten erhalten wir das Übertragungssignal $x(t)$. In praktischen Übertragungssystemen wird der Impuls $h(t)$ meist so gewählt, daß er zu den Taktzeitpunkten $t=nT$ ($n \neq 0$) null ist; Impulse mit dieser Eigenschaft werden Nyquist-Impulse genannt. Die folgenden Überlegungen setzen die Nyquist-Eigenschaft allerdings nicht voraus.

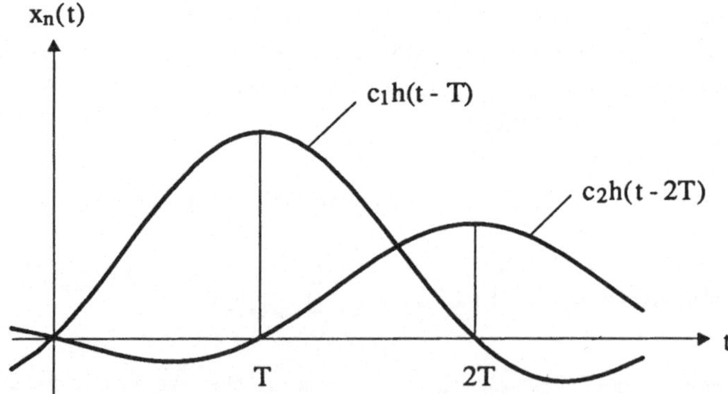

Bild 5.7: Puls-Amplituden-Modulation

Die Datenfolge c_n ist prinzipiell unbekannt; wir modellieren sie deshalb als Folge von

Zufallsvariablen c_n. Da n ein Zeitindex ist, ist die Datenfolge c_n ein *zeitdiskreter SP*. Damit wird auch das Übertragungssignal $x(t)$ ein (zeitkontinuierlicher) SP,

$$x(t) = \sum_{n=-\infty}^{\infty} c_n\, h(t-nT) \ .$$

In dieser einfachen Beziehung (die übrigens die Struktur einer Faltung besitzt) sind drei verschiedene Typen von Signalen kombiniert (vgl. Abschnitt 1.3):

Impuls $h(t)$ .... zeitkontinuierlich, determiniert

Daten c_n ... zeitdiskret, stochastisch

Übertragungssignal $x(t)$ ... zeitkontinuierlich, stochastisch .

Wir setzen voraus, daß die Datenfolge c_n ein *schwach stationärer* SP ist, d.h. der Mittelwert

$$\mu_c(n) = E\{c_n\} \overset{!}{=} \mu_c$$

ist vom Zeitindex n unabhängig, und die Autokorrelationsfolge (im folgenden wie die Autokorrelationsfunktion durch AKF abgekürzt)

$$R_c(n+m,n) = E\{c_{n+m}\,c_n\} \overset{!}{=} R_c(m)$$

hängt nur von der Zeitdifferenz m ab. Das LDS des schwach stationären SP c_n definieren wir analog zum Fall zeitkontinuierlicher SPs als (zeitdiskrete) Fourier-transformation der AKF,

$$G_c(\Theta) = \sum_{m=-\infty}^{\infty} R_c(m)\, e^{-j\Theta m} \ .$$

Das LDS $G_c(\Theta)$ eines zeitdiskreten SP c_n ist damit eine 2π-periodische Funktion,

$$G_c(\Theta+2\pi) = G_c(\Theta) \ .$$

Im folgenden berechnen wir Mittelwert, AKF und LDS des PAM-Übertragungssignals $x(t)$.

Mittelwert:

$$\mu_x(t) = E\left\{\sum_n c_n\, h(t-nT)\right\} = \sum_n E\{c_n\}\, h(t-nT) = \mu_c \sum_n h(t-nT) \ ;$$

AKF:

$$R_{\mathbf{x}}(t,\tau) = E\left\{ \sum_k \mathbf{c}_k\, h(t+\tau-kT) \sum_l \mathbf{c}_l\, h(t-lT) \right\} = \sum_k \sum_l E\{\mathbf{c}_k \mathbf{c}_l\}\, h(t+\tau-kT)\, h(t-lT) = \begin{bmatrix} k=n+m \\ l=n \end{bmatrix}$$

$$= \sum_n \sum_m E\{\mathbf{c}_{n+m}\mathbf{c}_n\}\, h\big(t+\tau-(n+m)T\big)\, h(t-nT) = \sum_m R_{\mathbf{c}}(m) \left[\sum_n h(t+\tau-mT-nT)\, h(t-nT) \right].$$

Mittelwert $\mu_{\mathbf{x}}(t)$ und AKF $R_{\mathbf{x}}(t,\tau)$ sind T-periodisch bezüglich des absoluten Zeitpunktes t; der PAM-SP $\mathbf{x}(t)$ ist daher *schwach zyklostationär*. Wir gehen deshalb auf den stationarisierten SP $\mathring{\mathbf{x}}(t)=\mathbf{x}(t-\vartheta)$ über wie in Abschnitt 5.2 beschrieben. Für den Mittelwert erhalten wir dann

$$\mu_{\mathring{\mathbf{x}}} = \frac{1}{T} \int_0^T \mu_{\mathbf{x}}(t)\, dt = \frac{1}{T} \mu_{\mathbf{c}} \sum_n \int_0^T h(t-nT)\, dt = \frac{1}{T} \mu_{\mathbf{c}} \sum_n \int_{nT}^{(n+1)T} h(t)\, dt = \frac{1}{T} \mu_{\mathbf{c}} \int_{-\infty}^{\infty} h(t)\, dt =$$

$$= \frac{1}{T} \mu_{\mathbf{c}} m_h = \frac{1}{T} \mu_{\mathbf{c}} H(0)\ .$$

In ähnlicher Weise ergibt sich für die AKF die Faltung

$$R_{\mathring{\mathbf{x}}}(\tau) = \frac{1}{T} \int_0^T R_{\mathbf{x}}(t,\tau)\, dt = \ldots = \frac{1}{T} \sum_m R_{\mathbf{c}}(m)\, r_h(\tau-mT)\ .$$

Das LDS des zyklostationären SP $\mathbf{x}(t)$ ist gemäß Abschnitt 5.3 als das LDS des stationarisierten SP $\mathring{\mathbf{x}}(t)$ definiert; wir erhalten also

$$G_{\mathbf{x}}(\omega) := G_{\mathring{\mathbf{x}}}(\omega) = \int_{-\infty}^{\infty} R_{\mathring{\mathbf{x}}}(\tau)\, e^{-j\omega\tau}\, d\tau = \frac{1}{T} \sum_m R_{\mathbf{c}}(m) \int_{-\infty}^{\infty} r_h(\tau-mT)\, e^{-j\omega\tau}\, d\tau =$$

$$= \frac{1}{T} \sum_m R_{\mathbf{c}}(m)\, |H(\omega)|^2\, e^{-j\omega mT} = \frac{1}{T} \left[\sum_m R_{\mathbf{c}}(m)\, e^{-j(T\omega)m} \right] |H(\omega)|^2 =$$

$$= \frac{1}{T} G_{\mathbf{c}}(T\omega)\, |H(\omega)|^2\ :$$

Das LDS des PAM-SP $\mathbf{x}(t)$ ist also das Produkt des LDS der Datenfolge $\mathbf{c}_n$ und des Energiedichtespektrums des Impulses $h(t)$. Die Ähnlichkeit dieses Ergebnisses mit der Eingangs-Ausgangs-Beziehung für LTI-Systeme (vgl. Abschnitt 5.3) ist durch die Tatsache begründet, daß in beiden Fällen der SP durch eine Faltung gegeben ist.

Wichtiger Spezialfall: Ist der Daten-SP $\mathbf{c}_n$ (schwach) *weiß* und *mittelwertfrei*, dann ist sein LDS konstant,

$$R_\mathbf{c}(m) = \rho_\mathbf{c}^2\,\delta(m) = \begin{cases} \rho_\mathbf{c}^2 & ,\ m=0 \\ 0 & ,\ m\neq 0 \end{cases} \quad , \qquad\qquad G_\mathbf{c}(\Theta) \equiv \rho_\mathbf{c}^2 \quad ,$$

wobei $\delta(m)$ der (zeitdiskrete) Einsimpuls ist ($\delta(0)=1$, $\delta(m)=0$ für $m\neq 0$). Die Form des LDS des PAM-SP $\mathbf{x}(t)$ hängt dann nur vom Trägerimpuls $p(t)$ ab,

$$G_\mathbf{x}(\omega) = \tfrac{1}{T}\,\rho_\mathbf{c}^2\,|H(\omega)|^2 \quad .$$

Beispiel. Die Datenfolge $\mathbf{c}_n$ sei binär (mit $\mathbf{c}_n=0$ oder 1), schwach weiß und gleichverteilt; der Trägerimpuls $h(t)$ sei ein Rechteck gemäß Bild 5.8.

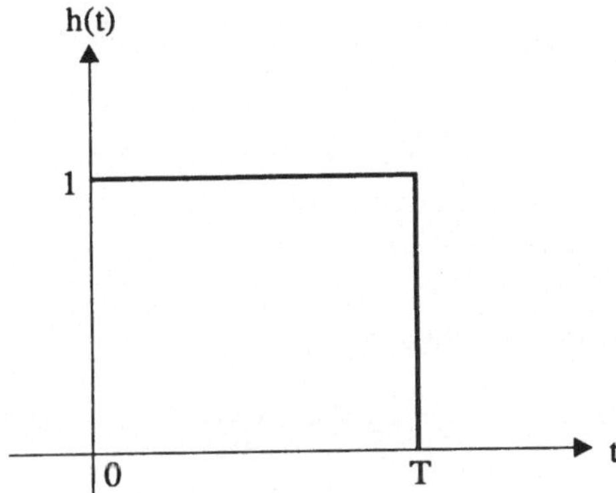

Bild 5.8: Rechteckiger Trägerimpuls h(t)

Wir berechnen zunächst die AKF der Datenfolge $\mathbf{c}_n$. Wegen der Weißheit des SP $\mathbf{c}_n$ (Unkorreliertheit der Zufallsvariablen $\mathbf{c}_{n+m}$ und $\mathbf{c}_n$ für $m\neq 0$) gilt

$$C_\mathbf{c}(m) = \sigma_\mathbf{c}^2\,\delta(m) = \begin{cases} \sigma_\mathbf{c}^2 & ,\ m=0 \\ 0 & ,\ m\neq 0 \end{cases} \quad .$$

Daraus folgt für die AKF

$$R_\mathbf{c}(m) = C_\mathbf{c}(m) + \mu_\mathbf{c}^2 = \sigma_\mathbf{c}^2\,\delta(m) + \mu_\mathbf{c}^2 \quad .$$

Für Mittelwert und Varianz gilt

$$\mu_{\mathbf{c}} = 0 \cdot P[\mathbf{c}_n=0] + 1 \cdot P[\mathbf{c}_n=1] = 0 \cdot \tfrac{1}{2} + 1 \cdot \tfrac{1}{2} = \tfrac{1}{2}$$

$$\sigma_{\mathbf{c}}^2 = (0-\tfrac{1}{2})^2 \, P[\mathbf{c}_n=0] + (1-\tfrac{1}{2})^2 \, P[\mathbf{c}_n=1] = \tfrac{1}{4} \cdot \tfrac{1}{2} + \tfrac{1}{4} \cdot \tfrac{1}{2} = \tfrac{1}{4} \quad,$$

wobei die Gleichverteilung von $\mathbf{c}_n$ ($P[\mathbf{c}_n=0] = P[\mathbf{c}_n=1] = 1/2$) berücksichtigt wurde. Damit ist die AKF schließlich

$$R_{\mathbf{c}}(m) = \tfrac{1}{4}\left[\delta(m)+1\right] :$$

es gilt $R_{\mathbf{c}}(m)\neq0$ für $m\neq0$, weil $\mathbf{c}_n$ nicht mittelwertfrei ist. Für das LDS erhalten wir

$$G_{\mathbf{c}}(\Theta) = \sum_m R_{\mathbf{c}}(m)\, e^{-j\Theta m} = \tfrac{1}{4}\left[\sum_m \delta(m)\, e^{-j\Theta m} + \sum_m 1\, e^{-j\Theta m}\right] =$$

$$= \tfrac{1}{4}\left[1 + 2\pi \sum_k \delta(\Theta-k2\pi)\right] \quad.$$

Dabei umfaßt der Term $\tfrac{1}{4}2\pi \sum_k \delta(\Theta-k2\pi)$ eine Spektrallinie bei $\Theta = 0$ sowie deren periodische Fortsetzungen bei Vielfachen von 2π; diese Spektrallinien sind dadurch bedingt, daß der Daten-SP $\mathbf{c}_n$ nicht mittelwertfrei ist.

Das Spektrum des rechteckigen Trägerimpulses $h(t)$ ist

$$H(\omega) = \int_{-\infty}^{\infty} h(t)\, e^{-j\omega t}\, dt = \int_0^T e^{-j\omega t}\, dt = \ldots = 2\, e^{-j\frac{T}{2}\omega}\, \frac{\sin\frac{T}{2}\omega}{\omega} = T\, e^{-j\frac{T}{2}\omega}\, \mathrm{si}\, \tfrac{T}{2}\omega \quad;$$

daraus folgt für das Energiedichtespektrum

$$|H(\omega)|^2 = T^2 \left(\mathrm{si}\, \tfrac{T}{2}\omega\right)^2 \quad.$$

Damit erhalten wir schließlich das LDS des SP $\mathbf{x}(t)$:

$$G_{\mathbf{x}}(\omega) = \tfrac{1}{T} G_{\mathbf{c}}(T\omega)\, |H(\omega)|^2 = \tfrac{1}{T}\, \tfrac{1}{4}\left[1 + 2\pi \sum_k \delta(T\omega-k2\pi)\right] T^2 \left(\mathrm{si}\, \tfrac{T}{2}\omega\right)^2 =$$

$$= \tfrac{T}{4}\left(\mathrm{si}\, \tfrac{T}{2}\omega\right)^2 + \tfrac{T}{4}\, 2\pi \sum_k \tfrac{1}{T}\, \delta(\omega-k\tfrac{2\pi}{T})\left(\mathrm{si}\, \tfrac{T}{2}k\tfrac{2\pi}{T}\right)^2 \quad =$$

$$(\mathrm{si}\, k\pi)^2 = \begin{cases} 1, & k=0 \\ 0, & k\neq0 \end{cases}$$

$$= \tfrac{T}{4}\left(\mathrm{si}\, \tfrac{T}{2}\omega\right)^2 + \tfrac{\pi}{2}\, \delta(\omega) \quad.$$

Sämtliche Spektrallinien (bis auf jene bei $\omega=0$) werden also hier durch die Nullstellen des Spektrums von h(t) unterdrückt.

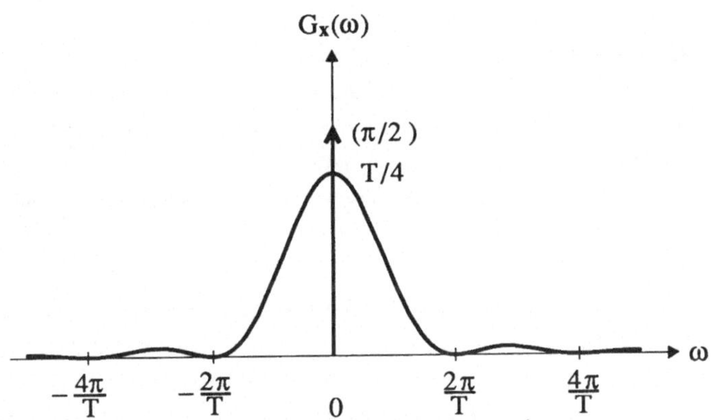

Bild 5.9: Leistungsdichtespektrum eines PAM-Prozesses für binäre weiße Daten und rechteckförmigen Trägerimpuls

5.5 Markoff-Ketten

DEFINITION. Wir betrachten nun einen *zeitdiskreten* SP x_n, der nur K diskrete Werte ("Zustände") a_i annehmen kann. Der SP x_n ist damit sowohl *zeitdiskret* als auch *wertdiskret*. An die Stelle der WDF N-ter Ordnung $p_x^{(N)}(\xi_1,\xi_2,...,\xi_N;t_1,t_2,...,t_N)$ tritt hier die N-dimensionale Verbund-Wahrscheinlichkeit $P[x_{n1}=a_{i_{n1}},\ x_{n2}=a_{i_{n2}},...,\ x_{nN}=a_{i_{nN}}]$. Dabei sind die a_{i_n} beliebige Elemente der Menge $\{a_1,a_2,...,a_K\}$ der möglichen Amplituden.

Auf die Zufallsvariable x_n zum Zeitpunkt n werden i.a. alle vorhergehenden Zufallsvariablen x_{n-1}, x_{n-2}, ... statistischen Einfluß haben; dieser Einfluß wird durch die bedingte Wahrscheinlichkeit $P[x_n=a_{i_n}\ |\ x_{n-1}=a_{i_{n-1}},\ x_{n-2}=a_{i_{n-2}},\ ...]$ beschrieben. Gilt nun speziell

$$P[x_n=a_{i_n}\ |\ x_{n-1}=a_{i_{n-1}},\ x_{n-2}=a_{i_{n-2}},\ ...] = P[x_n=a_{i_n}\ |\ x_{n-1}=a_{i_{n-1}}]\ ,$$

dann nennen wir den SP x_n einen *wertdiskreten Markoff-Prozeß* oder eine *Markoff-Kette* 1. Ordnung. Die obige Definitionsgleichung muß mit Vorsicht interpretiert werden: sie bedeutet nämlich nicht, daß nur die unmittelbar vorhergehende Zufallsvariable x_{n-1} statistischen Einfluß auf die aktuelle Zufallsvariable x_n hat oder, anders ausgedrückt, die aktuelle Zufallsvariable x_n statistisch unabhängig von den um mehr als einen Zeitpunkt zurückliegenden Zufallsvariablen x_{n-2}, x_{n-3}, ... ist. Denn es hängt ja x_n von x_{n-1} ab, x_{n-1} wiederum von x_{n-2}, und somit hängt x_n auch von x_{n-2} ab. Vielmehr ist die Gleichung so zu verstehen, daß die Information über den unmittelbar vorhergehenden Zeitpunkt die Information über die gesamte Vergangenheit in sich einschließt. Markoff-Prozesse besitzen somit eine besonders einfache zeitliche Struktur; sie werden deshalb oft zur näherungsweisen Modellierung realer SPs verwendet.

Neben der hier ausschließlich betrachteten Markoff-Kette 1. Ordnung (die wir im folgenden kurz "Markoff-Kette" nennen werden) gibt es auch Markoff-Ketten höherer Ordnung, deren "Gedächtnis" entsprechend weiter in die Vergangenheit zurückreicht. Markoff-Ketten höherer Ordnung lassen sich übrigens stets auf Markoff-Ketten 1. Ordnung (mit mehr Zuständen) zurückführen.

ÜBERGANGSWAHRSCHEINLICHKEITEN UND ÜBERGANGSMATRIZEN. Mit der *Kettenregel*

$$P[x_1=a_{i_1},...,x_n=a_{i_n}] = P[x_n=a_{i_n} \mid x_{n-1}=a_{i_{n-1}},...,x_1=a_{i_1}] \cdot$$
$$\cdot P[x_{n-1}=a_{i_{n-1}} \mid x_{n-2}=a_{i_{n-2}},...,x_1=a_{i_1}] \cdot$$
$$\cdot \ ..... \cdot P[x_2=a_{i_2} \mid x_1=a_{i_1}] \cdot P[x_1=a_{i_1}]$$

ergibt sich für eine Markoff-Kette die folgende Zerlegung für die Verbund-Wahrscheinlichkeit aufeinanderfolgender Zeitpunkte:

$$P[x_1=a_{i_1},...,x_n=a_{i_n}] = P[x_n=a_{i_n} \mid x_{n-1}=a_{i_{n-1}}] \cdot P[x_{n-1}=a_{i_{n-1}} \mid x_{n-2}=a_{i_{n-2}}] \cdot$$
$$\cdot \ ..... \cdot P[x_2=a_{i_2} \mid x_1=a_{i_1}] \cdot P[x_1=a_{i_1}] \ .$$

Daraus folgt, daß eine Markoff-Kette bereits durch die bedingten Wahrscheinlichkeiten aufeinanderfolgender Zeitpunkte (die sog. *Übergangs-Wahrscheinlichkeiten über einen*

Schritt)

$$\pi_{ij}(n,1) := P[x_{n+1}=a_j \mid x_n=a_i]$$

sowie die Wahrscheinlichkeiten 1. Ordnung

$$p_i(n) := P[x_n=a_i]$$

in irgendeinem (Anfangs-)Zeitpunkt n=1 vollständig (streng) beschrieben ist. Gemäß der obigen Definition ist die Übergangswahrscheinlichkeit über einen Schritt $\pi_{ij}(n,1)$ die Wahrscheinlichkeit dafür, daß der Zustand a_i zum Zeitpunkt n im nächsten Zeitpunkt n+1 in den Zustand a_j übergeht.– Wir definieren weiters die *Übergangswahrscheinlichkeiten über m Schritte* als

$$\pi_{ij}(n,m) := P[x_{n+m}=a_j \mid x_n=a_i] \;\; .$$

Es gelten die beiden folgenden Beziehungen:

$$(1) \qquad p_j(n+m) \;=\; \sum_{i=1}^{K} \pi_{ij}(n,m)\, p_i(n)$$

$$(2) \qquad \pi_{ij}(n,m_1+m_2) \;=\; \sum_{k=1}^{K} \pi_{ik}(n,m_1)\, \pi_{kj}(n+m_1,m_2)$$

Beweis:

$$(1):\quad p_j(n+m) \;=\; P[x_{n+m}=a_j] \;=\; \sum_{i=1}^{K} P[x_{n+m}=a_j \mid x_n=a_i]\, P[x_n=a_i] \;=\; \sum_{i=1}^{K} \pi_{ij}(n,m)\, p_i(n)$$

(Satz von der vollst. Wahrscheinlichkeit), wobei ausgenützt wurde, daß die Ereignisse $x_n=a_i$ (für festes n und verschiedenene i) disjunkt sind und ihre Vereinigung gleich dem sicheren Ereignis Ω ist;

$$(2):\; \text{mit (1) gilt einerseits}\quad p_j(n+m_1+m_2) \;=\; \sum_{i=1}^{K} \pi_{ij}(n,m_1+m_2)\, p_i(n)\;;$$

andererseits erhält man durch zweimalige Anwendung von (1)

$$p_j(n+m_1+m_2) \;=\; \sum_{k=1}^{K} \pi_{kj}(n+m_1,m_2)\, p_k(n+m_1) \;=\; \sum_{k=1}^{K} \pi_{kj}(n+m_1,m_2)\left[\sum_{i=1}^{K} \pi_{ik}(n,m_1)\, p_i(n) \right] \;=$$

$$=\; \sum_{i=1}^{K} \left[\sum_{k=1}^{K} \pi_{ik}(n,m_1)\, \pi_{kj}(n+m_1,m_2) \right] p_i(n) \;\; .$$

Durch Vergleich ergibt sich (2).

Es ist zweckmäßig, die folgende Vektor-Matrix-Schreibweise zu verwenden:

$$\underline{p}(n) := \left(p_i(n) \right) \quad , \qquad \underline{\Pi}(n,m) := \left(\pi_{ij}(n,m) \right)$$

$\underline{p}(n)$ ist der **Wahrscheinlichkeitsvektor** zum Zeitpunkt n (Dimension K); $\underline{\Pi}(n,m)$ ist die **Übergangsmatrix über m Schritte** zum Zeitpunkt n (Dimension K×K). Damit können die Beziehungen (1) und (2) in kompakter Form geschrieben werden,

$$\boxed{\quad (1) \qquad \underline{p}(n+m) = \underline{\Pi}^T(n,m)\,\underline{p}(n) \;, \qquad\qquad (2) \qquad \underline{\Pi}(n,m_1+m_2) = \underline{\Pi}(n,m_1)\,\underline{\Pi}(n+m_1,m_2) \quad}$$

wobei $\underline{\Pi}^T(n,m)$ die Transponierte der Übergangsmatrix $\underline{\Pi}(n,m)$ ist. Insbesondere folgt aus (2)

$$(3) \qquad \underline{\Pi}(n,m) \;=\; \underline{\Pi}(n,1)\,\underline{\Pi}(n+1,1)\ldots\underline{\Pi}(n+m-1,1) \;=\; \prod_{\upsilon=0}^{m-1} \underline{\Pi}(n+\upsilon,1) \;.$$

Da sich die Markoff-Kette im Zeitpunkt n in irgendeinem Zustand a_i befinden muß, gilt

$$\sum_{i=1}^{K} P[x_n=a_i] \;=\; \sum_{i=1}^{K} p_i(n) = 1 \;,$$

d.h. die Summe der Elemente des Wahrscheinlichkeitsvektors $\underline{p}(n)$ ist gleich 1. Weiters muß die Markoff-Kette von einem gegebenen Zustand a_i zum Zeitpunkt n in irgendeinen Zustand a_j zum Zeitpunkt n+m übergehen, sodaß

$$\sum_{j=1}^{K} P[x_{n+m}=a_j \mid x_n=a_i] \;=\; \sum_{j=1}^{K} \pi_{ij}(n,m) = 1 \;,$$

d.h auch die Zeilensummen der Übergangsmatrix $\underline{\Pi}(n,m)$ ergeben jeweils den Wert 1.

HOMOGENITÄT UND STATIONARITÄT. Eine Markoff-Kette wird **homogen** genannt, wenn die Übergangswahrscheinlichkeiten nicht vom absoluten Zeitpunkt n abhängen,

$$\underline{\Pi}(n,m) \;=\; \underline{\Pi}(m) \;.$$

Für eine homogene Markoff-Kette gilt

$$(2) \qquad \underline{\Pi}(m_1+m_2) = \underline{\Pi}(m_1)\,\underline{\Pi}(m_2)$$

$$(3) \qquad \underline{\Pi}(m) = \prod_{\upsilon=0}^{m-1} \underline{\Pi} = \underline{\Pi}^m$$

wobei

$$\underline{\Pi} := \underline{\Pi}(1)$$

die Übergangsmatrix über einen Schritt bezeichnet (im folgenden auch kurz einfach *Übergangsmatrix* genannt): *die Übergangsmatrix über m Schritte ist die m-te Potenz der Übergangsmatrix (über einen Schritt)*. Für die Wahrscheinlichkeitsvektoren gilt dann einfach

$$(1) \qquad \underline{p}(n+m) = \left(\underline{\Pi}^{\mathsf{T}}\right)^m \underline{p}(n) \ .$$

Ist eine Markoff-Kette homogen, $\underline{\Pi}(n,m)=\underline{\Pi}(m)$, und sind darüber hinaus auch die Wahrscheinlichkeiten 1. Ordnung vom Zeitpunkt n unabhängig,

$$\underline{p}(n) = \underline{p} \ ,$$

dann ist die Markoff-Kette **stationär**, d.h. die Markoff-Kette x_n ist dann ein streng stationärer SP. Für eine stationäre Markoff-Kette muß daher gelten

$$\boxed{(1) \qquad \underline{p} = \underline{\Pi}^{\mathsf{T}}\underline{p}}$$

Durch Vergleich mit einer allgemeinen Eigenwert-Eigenvektorgleichung $\underline{A}\underline{x}=\lambda\underline{x}$ (λ und $\underline{x}$ sind jeweils Eigenwert bzw. Eigenvektor der Matrix $\underline{A}$) erkennt man: *der Wahrscheinlichkeitsvektor $\underline{p}$ ist der Eigenvektor der transponierten Übergangsmatrix $\underline{\Pi}^{\mathsf{T}}$ zum Eigenwert $\lambda=1$*. Im Fall einer stationären Markoff-Kette kann somit der Wahrscheinlichkeitsvektor $\underline{p}$ aus der Übergangsmatrix $\underline{\Pi}$ berechnet werden; eine stationäre Markoff-Kette ist daher allein durch die Übergangsmatrix $\underline{\Pi}$ bereits vollständig beschrieben. Eine übersichtliche grafische Charakterisierung stationärer Markoff-Ketten wird durch das **Markoff-Diagramm** ermöglicht, das im folgenden Beispiel verwendet wird.

Beispiel. Wir betrachten eine stationäre Markoff–Kette mit zwei Zuständen a_1, a_2. Wahrscheinlichkeitsvektor und Übergangsmatrix sind

$$\underline{p} = \begin{pmatrix} p_1 \\ p_2 \end{pmatrix} \quad , \qquad \underline{\Pi} = \begin{pmatrix} \pi_{11} & \pi_{12} \\ \pi_{21} & \pi_{22} \end{pmatrix} .$$

Im *Markoff–Diagramm* (s. Bild 5.10) sind die beiden Zustände a_1, a_2 und die vier möglichen Zustandsübergänge mit ihren Übergangswahrscheinlichkeiten eingezeichnet.

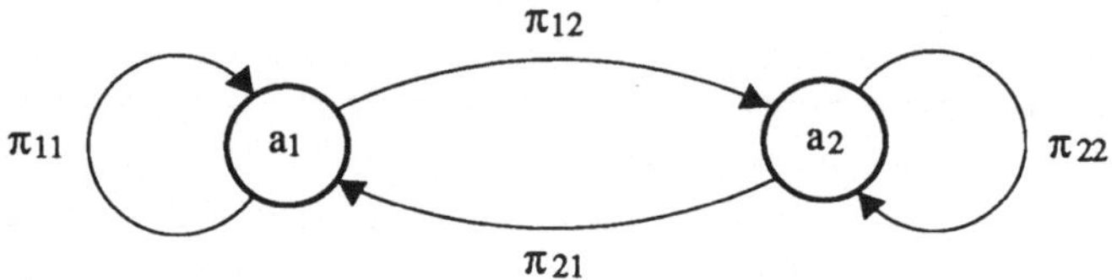

Bild 5.10: Übergangsdiagramm (Markoff–Diagramm) einer binären Markoff–Kette

Zur Berechnung der (stationären) Wahrscheinlichkeiten p_i aus den Übergangswahrscheinlichkeiten π_{ij} lösen wir das Gleichungssystem

$$(1) \qquad \underline{\Pi}^{\tau}\underline{p} = \underline{p} \quad \ldots\ldots\quad \begin{aligned} \pi_{11}p_1 + \pi_{21}p_2 &= p_1 \\ \pi_{12}p_1 + \pi_{22}p_2 &= p_2 \end{aligned}$$

Mit den Beziehungen $p_1 + p_2 = 1$ und $\pi_{11} + \pi_{12} = 1$ bzw. $\pi_{21} + \pi_{22} = 1$ ergibt sich

$$p_1 = \frac{\pi_{21}}{\pi_{12} + \pi_{21}} \quad , \qquad p_2 = \frac{\pi_{12}}{\pi_{12} + \pi_{21}} .$$

Eine Markoff–Kette ist **streng weiß**, wenn die aufeinanderfolgenden Zeitpunkten zugeordneten Zufallsvariablen $\mathbf{x}_n$, $\mathbf{x}_{n+1}$ *statistisch unabhängig* sind, sodaß (unter der Annahme der Stationarität)

$$\pi_{ij} = P[\mathbf{x}_{n+1} = a_j \mid \mathbf{x}_n = a_i] = P[\mathbf{x}_{n+1} = a_j] = p_j .$$

Die Übergangsmatrix einer streng stationären, streng weißen Markoff–Kette hat somit die Form

$$\underline{\Pi} = \underline{\Pi}_w = \begin{pmatrix} p_1 \; p_2 \cdots p_K \\ p_1 \; p_2 \cdots p_K \\ \vdots \qquad \vdots \\ p_1 \; p_2 \cdots p_K \end{pmatrix} = \begin{pmatrix} \underline{p}^\mathsf{T} \\ \underline{p}^\mathsf{T} \\ \vdots \\ \underline{p}^\mathsf{T} \end{pmatrix} \quad :$$

die Elemente π_{ij} der j-ten Spalte sind sämtlich gleich der "unbedingten" Wahrscheinlichkeit p_j. Für die Übergangsmatrix einer streng weißen Markoff-Kette gilt also: die Elemente einer Spalte sind gleich, bzw. anders ausgedrückt: alle Zeilen sind identisch.

Ist der Markoff-Prozeß darüber hinaus auch noch *gleichverteilt*,

$$p_i = P[\mathbf{x}_n = a_i] = \frac{1}{K} \qquad \text{für } i = 1,2,\dots,K \;,$$

dann sind überhaupt alle Elemente der Übergangsmatrix $\underline{\Pi}$ gleich,

$$\pi_{ij} \equiv \frac{1}{K} \;\;.$$

Der der *weißen* Markoff-Kette entgegengesetzte Extremfall ist eine Markoff-Kette, bei der die Abhängigkeit aufeinanderfolgender Zeitpunkte nicht (wie im allgemeinen) statistisch, sondern deterministisch ist. Hier sind dann die Elemente π_{ij} der Übergangsmatrix $\underline{\Pi}$ sämtlich 0 oder 1, wobei natürlich in einer Zeile nur eine 1 stehen kann.

Beispiel – deterministische Kette. Ein Beispiel für eine solche "deterministische" Markoff-Kette ist ein SP $\mathbf{x}_n$, der (mit der Wahrscheinlichkeit 1) drei Zustände a_1, a_2, a_3 periodisch durchläuft, und dessen Realisierungen somit periodische Signale x_n der Form

$$x_n = \;\; \dots.\; a_1 \; a_2 \; a_3 \; a_1 \; a_2 \; a_3 \; a_1 \; a_2 \; a_3 \; \dots$$

sind. Das Markoff-Diagramm ist in Bild 5.11 dargestellt.

Offensichtlich gilt

$$\pi_{12} = \pi_{23} = \pi_{31} = 1 \;, \qquad \pi_{ij} = 0 \;\; \text{sonst} \;;$$

die Übergangsmatrix ist also

$$\underline{\Pi} = \begin{pmatrix} 0 & 1 & 0 \\ 0 & 0 & 1 \\ 1 & 0 & 0 \end{pmatrix}$$

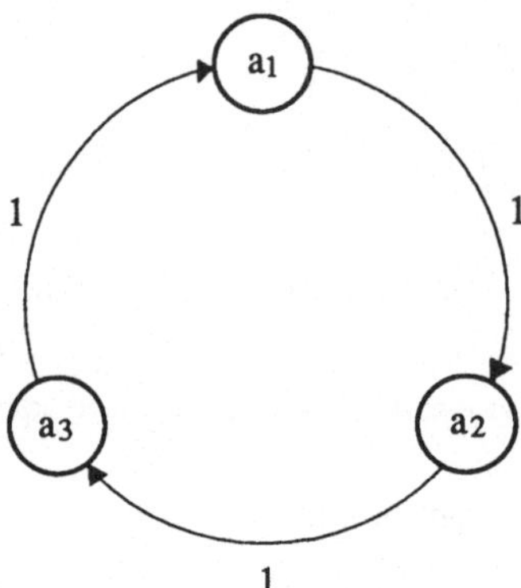

Bild 5.11: Deterministische Markoff-Kette

Da die Übergangsmatrix nicht von der Zeit abhängt, ist die Markoff-Kette jedenfalls homogen. Nehmen wir an, daß die einzelnen Realisierungen zufällige (gleichverteilte) "zeitliche Phasenlagen" besitzen, dann ist die Kette auch stationär, und es herrscht Gleichverteilung ($p_i=1/3$), da die Zustände a_i gleich oft auftreten. Die einzelnen Realisierungen der Markoff-Kette unterscheiden sich lediglich durch ihre Phasenlage. Ist der Zustand einer Realisierung in einem einzigen Zeitpunkt n bekannt, so ist damit die gesamte Realisierung bekannt. Der SP ist sicherlich *singulär*.

Beispiel – zerfallende Kette. Ein weiterer entarteter Spezialfall einer Markoff-Kette ist durch ein Markoff-Diagramm gegeben, das in zwei oder mehrere Teile zerfällt, zwischen denen kein Übergang möglich ist. Bild 5.12 zeigt ein Beispiel.

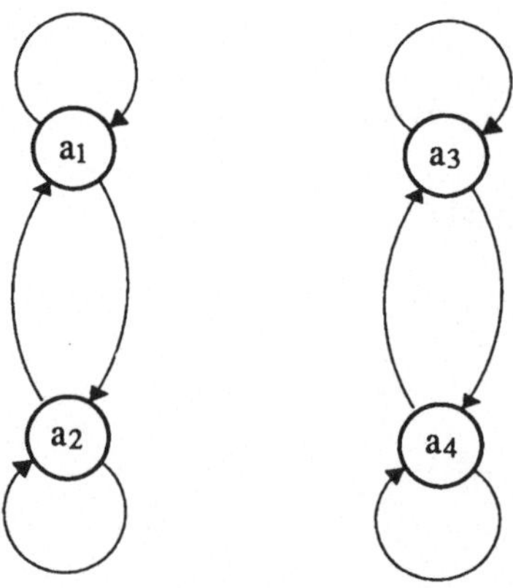

Bild 5.12: Zerfallende Markoff-Kette

Je nach Anfangszustand bleibt die Kette in einem der beiden Teildiagramme, sodaß verschiedene Realisierungen einer solchen "zerfallenden" Markoff-Kette völlig verschiedene Eigenschaften haben können (der SP ist sicher nicht *ergodisch* – s. Abschnitt 5.6). Die Berechnung der unbedingten Wahrscheinlichkeiten p_i aus den Übergangswahrscheinlichkeiten π_{ij} mittels der Gleichung $\underline{\underline{\Pi}}^T \underline{p} = \underline{p}$ ist hier unmöglich.

Für eine Markoff-Kette, die weder "deterministisch" noch "zerfallend" ist, gilt i.a.

$$\lim_{m\to\infty} \underline{\underline{\Pi}}(m) = \lim_{m\to\infty} \underline{\underline{\Pi}}^m = \underline{\underline{\Pi}}_w = \begin{pmatrix} \underline{p}^T \\ \underline{p}^T \\ \vdots \\ \underline{p}^T \end{pmatrix} :$$

für großes m nähert sich die Übergangsmatrix über m Schritte der Übergangsmatrix einer *streng weißen* Markoff-Kette. Das bedeutet, daß zwei zeitlich hinreichend weit auseinanderliegende Zufallsvariablen $\mathbf{x}_{n+m}$ und $\mathbf{x}_n$ statistisch unabhängig sind.

5.6 Zeitmittelwerte und Ergodizität

ZEITMITTELWERTE. Die bisher betrachteten Kenngrößen der schwachen Beschreibung stationärer Prozesse, wie z.B.

Mittelwert

$$\mu_{\mathbf{x}} = E\{\mathbf{x}(t)\} = \int_{-\infty}^{\infty} \xi\, p_{\mathbf{x}}^{(1)}(\xi)\, d\xi$$

AKF

$$R_{\mathbf{x}}(\tau) = E\{\mathbf{x}(t+\tau)\,\mathbf{x}(t)\} = \int_{-\infty}^{\infty}\int_{-\infty}^{\infty} \xi_1 \xi_2\, p_{\mathbf{x}}^{(2)}(\xi_1,\xi_2;\tau)\, d\xi_1 d\xi_2$$

LDS

$$G_{\mathbf{x}}(\omega) = \mathfrak{F}\{R_{\mathbf{x}}(\tau)\}$$

sind durch Momente der WDFs 1. und 2. Ordnung $p_{\mathbf{x}}^{(1)}(\xi)$ bzw. $p_{\mathbf{x}}^{(2)}(\xi_1,\xi_2;\tau)$ gegeben. Die Bestimmung dieser Momente erfordert eine Mittelung über alle Realisierungen, d.h. über das ganze Ensemble; wir sprechen deshalb auch von *Schar-* oder *Ensemble-Mittelwerten*.

In der Praxis steht man nun oft vor dem Problem, daß nur *eine einzige Realisierung* $x(t)$ des SP $\mathbf{x}(t)$ beobachtet bzw. gemessen werden kann. Es stellt sich daher die Frage, ob man die obigen Scharmittelwerte durch entsprechende *Zeitmittelwerte*, die nur eine einzige Realisierung benützen, ersetzen kann. Wir definieren diese Zeitmittelwerte für eine gegebene Realisierung $x(t)$ des SP $\mathbf{x}(t)$ (bzw. allgemein für ein determiniertes Signal $x(t)$) wie folgt:

$$\text{\textit{Empirischer Mittelwert}} \qquad \mu_{x,T} = \frac{1}{T} \int_{-T/2}^{T/2} x(t)\,dt$$

$$\text{\textit{Empirische mittlere Leistung}} \qquad \rho_{x,T}^2 = \frac{1}{T} \int_{-T/2}^{T/2} x^2(t)\,dt$$

$$\text{\textit{Empirische Varianz}} \qquad \sigma_{x,T}^2 = \frac{1}{T} \int_{-T/2}^{T/2} [x(t)-\mu_{x,T}]^2\,dt$$

$$\text{\textit{Empirische AKF}} \qquad R_{x,T}(\tau) = \frac{1}{T} \int_{-T/2}^{T/2} x(t+\tau)\,x(t)\,dt$$

$$\text{\textit{Empirische Autokovarianzfunktion}} \quad C_{x,T}(\tau) = \frac{1}{T} \int_{-T/2}^{T/2} [x(t+\tau)-\mu_{x,T}]\,[x(t)-\mu_{x,T}]\,dt$$

$$\text{\textit{Empirisches LDS}} \qquad G_{x,T}(\omega) = \mathfrak{F}\{R_{x,T}(\tau)\}\ .$$

Wir nennen diese Größen "empirisch", weil sie aus einer einzigen beobachteten Realisierung berechnet werden können. Zur Unterscheidung von den Scharmittelwerten kennzeichnen wir die empirischen Zeitmittelwerte durch *kursiv* gedruckte Symbole. Die obigen Definitionen der empirischen Größen tragen dem Umstand Rechnung, daß wir in der Praxis die Realisierung $x(t)$ nur in einem endlichen Z eitintervall $(-T/2, T/2)$ kennen bzw. die zeitliche Integration nur in einem endlichen Zeitintervall durchführen können. Für theoretische Überlegungen benötigen wir aber auch Zeitmittelwerte, die durch Integration über die gesamte Zeitachse gebildetet werden; diese erhält man durch den Grenzübergang $T \to \infty$:

$$\mu_{x,\infty} = \lim_{T\to\infty} \mu_{x,T} = \lim_{T\to\infty} \frac{1}{T} \int_{-T/2}^{T/2} x(t)\,dt$$

$$\rho_{x,\infty}^2 = \lim_{T\to\infty} \rho_{x,T}^2 = \lim_{T\to\infty} \frac{1}{T} \int_{-T/2}^{T/2} x^2(t)\,dt$$

$$\sigma^2_{x,\infty} = \lim_{T\to\infty} \sigma^2_{x,T} = \lim_{T\to\infty} \frac{1}{T} \int_{-T/2}^{T/2} [x(t){-}\mu_{x,\infty}]^2 \, dt$$

$$R_{x,\infty}(\tau) = \lim_{T\to\infty} R_{x,T}(\tau) = \lim_{T\to\infty} \frac{1}{T} \int_{-T/2}^{T/2} x(t{+}\tau)\, x(t)\, dt$$

$$C_{x,\infty}(\tau) = \lim_{T\to\infty} C_{x,T}(\tau) = \lim_{T\to\infty} \frac{1}{T} \int_{-T/2}^{T/2} [x(t{+}\tau){-}\mu_{x,\infty}]\,[x(t){-}\mu_{x,\infty}]\, dt$$

$$G_{x,\infty}(\omega) = \lim_{T\to\infty} G_{x,T}(\omega) = \mathfrak{F}\{R_{x,\infty}(\tau)\} \ .$$

DUALITÄT VON SCHAR- UND ZEITMITTELWERTEN. Mit den empirischen Größen kann man eine Theorie schwach stationärer SPs entwickeln, die vollkommen strukturgleich der bisher besprochenen Theorie ist: aus der "probabilistischen" Theorie (die auf dem Wahrscheinlichkeitsbegriff basiert und deshalb Scharmittelwerte verwendet) läßt sich also eine *duale* Theorie bilden, wenn man die Scharmittelwerte durch die entsprechenden Zeitmittelwerte ersetzt. Das bedeutet insbesondere, daß die Beziehungen zwischen den Zeitmittelwerten mit den Beziehungen zwischen den entsprechenden Scharmittelwerten vollkommen übereinstimmen. Insbesondere gilt z.B. auch im Fall der Zeitmittelwerte für beliebige Mittelungsdauer T

$$\rho^2_{x,T} = R_{x,T}(0) \ , \qquad \sigma^2_{x,T} = C_{x,T}(0) \ , \qquad \sigma^2_{x,T} = \rho^2_{x,T} - \mu^2_{x,T} \ ,$$

$$R_{x,T}(-\tau) = R_{x,T}(\tau) \ , \qquad |R_{x,T}(\tau)| \le R_{x,T}(0) \ .$$

Für unendliche Mittelungsdauer $T \to \infty$ gilt weiters

$$C_{x,\infty}(\tau) = R_{x,\infty}(\tau) - \mu^2_{x,\infty} \ , \qquad G_{x,\infty}(\omega) \ge 0 \ ,$$

und auch die Eingangs-Ausgangs-Beziehungen für LTI-Systeme können übertragen werden: für $y(t) = (x{*}h)(t)$ erhält man

$$\mu_{y,\infty} = m_h\, \mu_{x,\infty} = H(0)\, \mu_{x,\infty} \ ,$$

$$R_{y,\infty}(\tau) = (r_h * R_{x,\infty})(\tau) \ , \qquad G_{y,\infty}(\omega) = |H(\omega)|^2\, G_{x,\infty}(\omega) \ .$$

EMPIRISCHE WAHRSCHEINLICHKEITEN. Die Dualität zwischen Scharmittelwerten und Zeitmittelwerten läßt sich auch mathematisch charakterisieren: alle Zeitmittelwerte können nämlich *formal* als Erwartungswerte (Scharmittelwerte) geschrieben werden, wenn man auf geeignete Weise "empirische Wahrscheinlichkeitsdichtefunktionen" einführt.

Wir definieren zunächst für eine gegebene Realisierung x(t) die ***empirische Verteilungsfunktion*** 1. Ordnung, $F_{x,T}^{(1)}(\xi)$, als die "empirische Wahrscheinlichkeit" des "Ereignisses" $x(t) \leq \xi$ im Zeitintervall $(-T/2, T/2)$,

$$F_{x,T}^{(1)}(\xi) = P_T[x(t) \leq \xi] =$$

$$= \frac{\text{Summe der Längen aller Zeitintervalle in } (-T/2, T/2), \text{ auf denen } x(t) \leq \xi}{T = \text{gesamte zeitliche Länge von } (-T/2, T/2)} \ .$$

Mit der Indikatorfunktion ($u(\xi)$ ist die Sprungfunktion)

$$u(\xi - x(t)) = \begin{cases} 1, & x(t) \leq \xi \\ 0, & x(t) > \xi \end{cases}$$

des "Ereignisses" $x(t) \leq \xi$ läßt sich die empirische Verteilungsfunktion $F_{x,T}^{(1)}(\xi)$ anschreiben gemäß

$$F_{x,T}^{(1)}(\xi) = \frac{1}{T} \int_{-T/2}^{T/2} u(\xi - x(t)) \, dt \ .$$

Die ***empirische Wahrscheinlichkeitsdichtefunktion (WDF) 1. Ordnung*** ist dann wie gewohnt als Ableitung der empirischen Verteilungsfunktion 1. Ordnung definiert:

$$p_{x,T}^{(1)}(\xi) = \frac{d}{d\xi} F_{x,T}^{(1)}(\xi) \ .$$

Die empirische WDF 1. Ordnung läßt sich damit ausdrücken als

$$p_{x,T}^{(1)}(\xi) = \frac{d}{d\xi}\left[\frac{1}{T} \int_{-T/2}^{T/2} u(\xi - x(t)) \, dt \right] = \frac{1}{T} \int_{-T/2}^{T/2} \left[\frac{d}{d\xi} u(\xi - x(t)) \right] dt =$$

$$= \frac{1}{T} \int_{-T/2}^{T/2} \delta(\xi - x(t)) \, dt \ ;$$

ihre Eigenschaften stimmen mit jenen einer "echten" WDF überein:

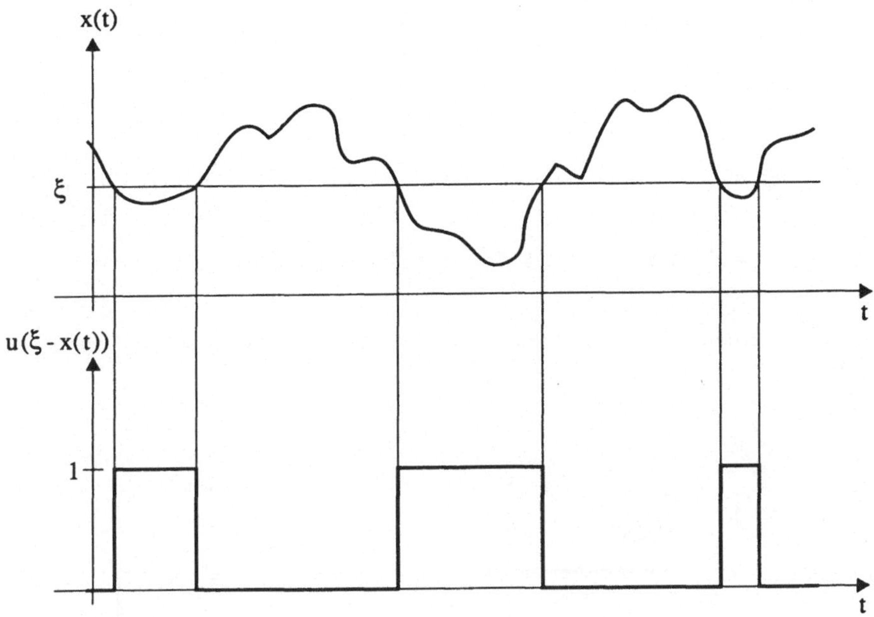

Bild 5.13: Indikatorfunktion des "Ereignisses" $x(t) \leq \xi$

$$p_{x,T}^{(1)}(\xi) \geq 0 \quad , \qquad \int_{-\infty}^{\infty} p_{x,T}^{(1)}(\xi)\, d\xi = 1 \, , \qquad p_{x,T}^{(1)}(\pm\infty) = 0 \, .$$

Die empirische Wahrscheinlichkeit des "Ereignisses" $a < x(t) \leq b$,

$$P_T[a < x(t) \leq b] =$$

$$= \frac{\text{Summe der Längen aller Zeitintervalle in } (-T/2, T/2), \text{ auf denen } a < x(t) \leq b}{T = \text{gesamte zeitliche Länge von } (-T/2, T/2)} \, ,$$

läßt sich mittels der empirischen Verteilungsfunktion bzw. der empirischen WDF in gewohnter Weise ausdrücken:

$$P_T[a < x(t) \leq b] = F_{x,T}^{(1)}(b) - F_{x,T}^{(1)}(a) = \int_a^b p_{x,T}^{(1)}(\xi)\, d\xi \, .$$

Beispiel. Wir berechnen die empirische WDF des periodischen Rechtecksignals

$$x(t) = \begin{cases} -1, & -T/2 < t < 0 \\ 1, & 0 < t < T/2 \end{cases}, \quad x(t+T) = x(t)$$

auf der Grundperiode $(-T/2, T/2)$:

$$p_{x,T}^{(1)}(\xi) = \frac{1}{T} \int_{-T/2}^{T/2} \delta(\xi - x(t))\, dt = \frac{1}{T}\left[\int_{-T/2}^{0} \delta(\xi - (-1))\, dt + \int_{0}^{T/2} \delta(\xi - 1)\, dt \right] =$$

$$= \frac{1}{T}\left[\delta(\xi+1)\,\frac{T}{2} + \delta(\xi-1)\,\frac{T}{2} \right] = \frac{1}{2}\delta(\xi+1) + \frac{1}{2}\delta(\xi-1)\,.$$

Tatsächlich nimmt $x(t)$ ausschließlich die Werte $\xi = -1$ und $\xi = 1$ an, und diese "gleich häufig".

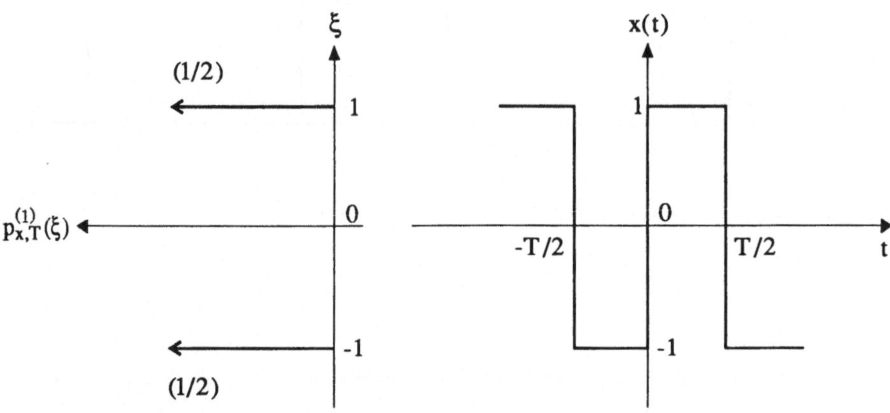

Bild 5.14: Rechtecksignal und empirische WDF

Ist die Realisierung $x(t)$ differenzierbar, dann kann gezeigt werden, daß sich die empirische WDF 1. Ordnung mittels der 1. Ableitung des Signals $x(t)$ anschreiben läßt gemäß

$$p_{x,T}^{(1)}(\xi) = \frac{1}{T} \sum_{\substack{x(t_i)=\xi \\ -T/2 < t_i < T/2}} \frac{1}{|x'(t_i)|}$$

Die Summe ist über alle Zeitpunkte t_i im Zeitintervall $(-T/2, T/2)$ zu erstrecken, für die $x(t_i) = \xi$ gilt. Gibt es keinen solchen Zeitpunkt, dann ist $p_{x,T}^{(1)}(\xi) = 0$. Interpretation: je flacher die Funktion $x(t)$ an den Stellen t_i mit $x(t_i)=\xi$ ist, desto länger verweilt sie in einer kleinen Umgebung der Amplitude ξ, und desto größer ist somit die empirische WDF an der Stelle ξ.

Beispiel. Wir berechnen die empirische WDF des Sinussignals $x(t) = A \sin \omega_0 t$ auf der Grundperiode $(-T/2, T/2)$ (mit $T = 2\pi/\omega_0$). Für $|\xi| < A$ gibt es im Intervall $(-T/2, T/2)$ genau zwei Zeitpunkte t_i mit $x(t_i) = \xi$. Gemäß Bild 5.15 sind die Ableitungen zu diesen Zeitpunkten gegengleich. Mit $x'(t) = A\omega_0 \cos \omega_0 t$ und $t_i = (1/\omega_0) \arcsin(\xi/A)$ gilt

$$|x'(t_i)| = A\omega_0 \left| \cos\left(\arcsin \tfrac{\xi}{A} \right) \right| = A\omega_0 \sqrt{1 - \sin^2\left(\arcsin \tfrac{\xi}{A} \right)} = A\omega_0 \sqrt{1 - \left(\tfrac{\xi}{A} \right)^2} = \omega_0 \sqrt{A^2 - \xi^2} \,,$$

und es folgt

$$p_{x,T}^{(1)}(\xi) = \frac{1}{T} \sum_{\substack{x(t_i)=\xi \\ -T/2 < t_i < T/2}} \frac{1}{|x'(t_i)|} = \frac{1}{T} 2 \frac{1}{\omega_0 \sqrt{A^2 - \xi^2}} = \frac{1}{\pi} \frac{1}{\sqrt{A^2 - \xi^2}} \qquad \text{für } |\xi| < A \,.$$

Für $|\xi| > A$ existiert dagegen kein Zeitpunkt t_i mit $x(t_i) = \xi$; wir erhalten somit

$$p_{x,T}^{(1)}(\xi) = 0 \qquad \text{für } |\xi| > A \,.$$

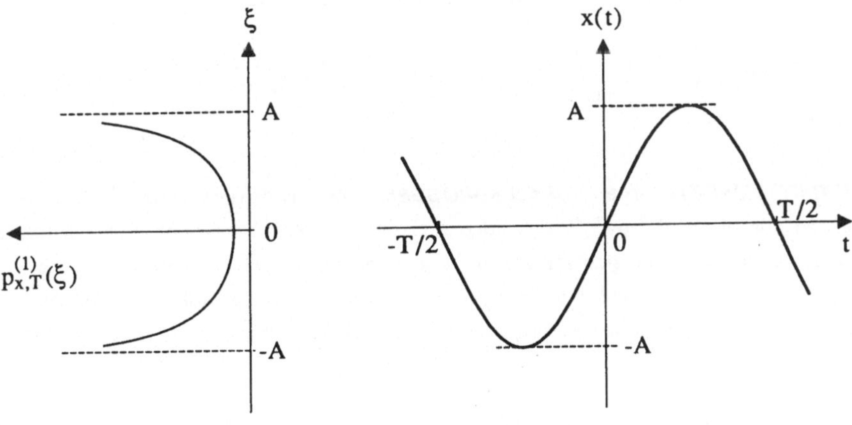

Bild 5.15: Sinussignal und empirische WDF

Analog zur empirischen WDF 1. Ordnung können wir auch empirische WDFs höherer Ordnungen definieren, insbesondere die *empirische WDF 2. Ordnung*

$$p_{x,T}^{(2)}(\xi_1,\xi_2;\tau) \;=\; \frac{1}{T}\int_{-T/2}^{T/2}\delta\big(\xi_1-x(t+\tau)\big)\,\delta\big(\xi_2-x(t)\big)\,dt\;.$$

Die im theoretischen Grenzfall unendlicher Integrationszeit erhaltenen empirischen WDFs schreiben wir wieder als

$$p_{x,\infty}^{(1)}(\xi) \;:=\; \lim_{T\to\infty} p_{x,T}^{(1)}(\xi)\;,\qquad p_{x,\infty}^{(2)}(\xi_1,\xi_2;\tau) \;:=\; \lim_{T\to\infty} p_{x,T}^{(2)}(\xi_1,\xi_2;\tau)\qquad \text{usw.}$$

Damit haben wir formal den Anschluß an die probabilistische Theorie stationärer SPs hergestellt. Insbesondere lassen sich unter Verwendung der empirischen WDFs 1. und 2. Ordnung alle Zeitmittelwerte in der Form von "Scharmittelwerten" anschreiben. Beispielsweise gilt für den empirischen Mittelwert

$$\mu_{x,T} \;=\; \frac{1}{T}\int_{-T/2}^{T/2} x(t)\,dt \;=\; \frac{1}{T}\int_{-T/2}^{T/2}\left[\int_{-\infty}^{\infty}\xi\,\delta\big(\xi-x(t)\big)\,d\xi\right]dt \;=$$

$$=\; \int_{-\infty}^{\infty}\xi\left[\frac{1}{T}\int_{-T/2}^{T/2}\delta\big(\xi-x(t)\big)\,dt\right]d\xi \;=\; \int_{-\infty}^{\infty}\xi\,p_{x,T}^{(1)}(\xi)\,d\xi\;,$$

und für die empirische AKF erhalten wir auf analoge Weise

$$R_{x,T}(\tau) \;=\; \frac{1}{T}\int_{-T/2}^{T/2} x(t+\tau)\,x(t)\,dt \;=\; \int_{-\infty}^{\infty}\int_{-\infty}^{\infty}\xi_1\xi_2\,p_{x,T}^{(2)}(\xi_1,\xi_2;\tau)\,d\xi_1 d\xi_2\;.$$

ZEITMITTELWERTE ALS ZUFALLSGRÖSSEN. Die oben definierten Zeitmittelwerte werden aus einer einzigen Realisierung x(t) des SP **x**(t) berechnet. Für verschiedene Realisierungen werden sich daher i.a. unterschiedliche Zeitmittelwerte ergeben. Geht man nun davon aus, daß die Realisierungen zufällig ausgewählt werden, dann sind auch die Zeitmittelwerte zufällig: z.B. ist dann das empirische Mittel selbst eine Zufallsvariable,

$$\boldsymbol{\mu}_{\mathbf{x},T} \;=\; \frac{1}{T}\int_{-T/2}^{T/2} \mathbf{x}(t)\,dt\;,$$

und durch Auswählen einer bestimmten Realisierung x(t) von **x**(t) erhält man eine entsprechende Realisierung $\mu_{x,T}$ von $\pmb{\mu}_{x,T}$. Ebenso sind die empirischen WDFs zufällig. Damit stellt sich die Frage nach den statistischen Eigenschaften dieser als Zufallsgrößen aufgefaßten Zeitmittelwerte. Insbesondere gilt für (schwach) stationäre SPs für beliebige Mittelungsdauer T

$$E\{\pmb{\mu}_{x,T}\} = \mu_x \ , \qquad E\{\pmb{R}_{x,T}(\tau)\} = R_x(\tau) \ , \qquad E\{\pmb{G}_{x,T}(\omega)\} = G_x(\omega) \qquad \text{usw.}$$

Für einen streng stationären SP gilt weiters auch

$$E\{\pmb{p}_{x,T}^{(1)}(\xi)\} = p_x^{(1)}(\xi) \ , \qquad E\{\pmb{p}_{x,T}^{(2)}(\xi_1,\xi_2;\tau)\} = p_x^{(2)}(\xi_1,\xi_2;\tau) \qquad \text{usw.}$$

Beweis: z.B.

$$E\{\pmb{\mu}_{x,T}\} = E\left\{ \frac{1}{T} \int_{-T/2}^{T/2} x(t)\,dt \right\} = \frac{1}{T} \int_{-T/2}^{T/2} \underbrace{E\{x(t)\}}_{\mu_x}\,dt =$$

$$= \mu_x \cdot \frac{1}{T} \int_{-T/2}^{T/2} dt = \mu_x \cdot 1 \ .$$

Die Erwartungswerte der "zufälligen Zeitmittelwerte" stimmen also mit den Scharmittelwerten überein; ebenso sind die Erwartungswerte der empirischen WDFs beliebiger Ordnung gleich den tatsächlichen WDFs des SP. Im statistischen Mittel ergeben die Zeitmittelwerte (empirischen WDFs) somit die Scharmittelwerte (WDFs). Für eine einzelne Realisierung kann man aber daraus i.a. noch nichts schließen.

ERGODIZITÄT. Von einem *ergodischen Prozeß* spricht man dann, wenn (für unendliche Mittelungsdauer $T \to \infty$) die Zeitmittelwerte bzw. empirischen WDFs selbst (und nicht bloß ihre Erwartungswerte) mit den entsprechenden Scharmittelwerten bzw. WDFs in folgendem Sinn übereinstimmen:

Wir nennen einen streng stationären SP $x(t)$ **streng ergodisch**, wenn für *jede Realisierung* $x(t)$ (strenggenommen "fast jede" Realisierung – auf diese subtile wahrscheinlichkeitstheoretische Begriffsbildung soll hier jedoch nicht eingegangen werden) gilt

$$p_{x,\infty}^{(1)}(\xi) = \lim_{T\to\infty} p_{x,T}^{(1)}(\xi) = p_x^{(1)}(\xi) \ ,$$

$$p_{x,\infty}^{(2)}(\xi_1,\xi_2;\tau) = \lim_{T\to\infty} p_{x,T}^{(2)}(\xi_1,\xi_2;\tau) = p_x^{(2)}(\xi_1,\xi_2;\tau) \qquad \text{usw.}$$

("usw." bedeutet, daß analoge Identitäten auch für die empirischen WDFs höherer Ordnung bestehen). Aus der strengen Ergodizität folgt insbesondere auch die Gleichheit von Zeitmittelwerten und Scharmittelwerten für beliebige Realisierungen $x(t)$,

$$\mu_{x,\infty} = \lim_{T\to\infty} \mu_{x,T} = \mu_x \ , \qquad R_{x,\infty}(\tau) = \lim_{T\to\infty} R_{x,T}(\tau) = R_x(\tau) \ ,$$

die als **schwache Ergodizität** bezeichnet wird. Aus der strengen Ergodizität folgt somit wieder die schwache Ergodizität; der Umkehrschluß ist i.a. nicht zulässig.

Die strenge bzw. schwache Ergodizität bedeutet insbesondere, daß die empirischen WDFs bzw. Zeitmittelwerte von beliebigen Realisierungen $x_1(t)$, $x_2(t)$, ... gleich sind und somit die (als Zufallsgrößen aufgefaßten) empirischen WDFs bzw. Zeitmittelwerte *determiniert* sind. Die obigen Gleichungen lassen sich daher auch schreiben gemäß

$$p_{x,\infty}^{(1)}(\xi) \ = \ \lim_{T\to\infty} p_{x,T}^{(1)}(\xi) \ = \ p_x^{(1)}(\xi) \ ,$$

$$p_{x,\infty}^{(2)}(\xi_1,\xi_2;\tau) \ = \ \lim_{T\to\infty} p_{x,T}^{(2)}(\xi_1,\xi_2;\tau) \ = \ p_x^{(2)}(\xi_1,\xi_2;\tau) \qquad \text{usw.}$$

bzw.

$$\mu_{x,\infty} = \lim_{T\to\infty} \mu_{x,T} = \mu_x \ , \qquad R_{x,\infty}(\tau) = \lim_{T\to\infty} R_{x,T}(\tau) = R_x(\tau) \ .$$

Eine *notwendige und hinreichende Bedingung für die strenge Ergodizität* ist somit, daß die Varianz der auf $(-T/2, T/2)$ gebildeten empirischen WDFs für $T\to\infty$ gegen Null geht,

$$\lim_{T\to\infty} \text{var}\{p_{x,T}^{(1)}(\xi)\} = 0 \ , \qquad \lim_{T\to\infty} \text{var}\{p_{x,T}^{(2)}(\xi_1,\xi_2;\tau)\} = 0 \qquad \text{usw.}$$

Ebenso erhalten wir als *notwendige und hinreichende Bedingung für die schwache Ergodizität*

$$\lim_{T\to\infty} \text{var}\{\mu_{x,T}\} = 0 \ , \qquad \lim_{T\to\infty} \text{var}\{R_{x,T}(\tau)\} = 0 \ .$$

Die Eigenschaft der Ergodizität ist in der Praxis von großer Wichtigkeit, da sie es erlaubt, statistische Kenngrößen von SPs anhand einer einzigen, beliebigen Realisierung zu ermitteln. Die Überprüfung der Ergodizität erfordert allerdings die Kenntnis der statistischen Eigenschaften des SP (also der gesamten Schar) und läßt sich daher anhand einer einzigen Realisierung nicht durchführen. In der Praxis ist man daher oft gezwungen, die Eigenschaft der Ergodizität einfach zu *postulieren*. Manchmal ist auch eine Aussage dann möglich, wenn man etwas über das Zustandekommen des SP weiß, d.h. ein Modell für seine Erzeugung hat.

Offensichtlich ist der Begriff der (strengen bzw. schwachen) Ergodizität nur für (streng bzw. schwach) *stationäre* SPs sinnvoll, denn bei der Zeitmittelung fällt jede Zeitabhängigkeit heraus – ein Zeitmittelwert kann nie einem (zeitabhängigen!) Scharmittelwert eines instationären SP gleich sein.

Beispiel. Der in Abschnitt 5.1 bzw. 5.4 betrachtete *konstante SP* $\mathbf{x}(t) \equiv \mathbf{X}$ ist streng stationär. Zur Untersuchung der strengen Ergodizität berechnen wir die empirische WDF 1. Ordnung einer beliebigen Realisierung $x(t) \equiv X$:

$$p^{(1)}_{x,\infty}(\xi) = \lim_{T\to\infty} \frac{1}{T} \int_{-T/2}^{T/2} \delta(\xi - X)\, dt = \delta(\xi - X) \cdot \lim_{T\to\infty} \frac{1}{T} \int_{-T/2}^{T/2} dt = \delta(\xi - X) \ .$$

Die empirische WDF 1. Ordnung ist somit von der speziellen Realisierung (von X) abhängig; der konstante SP kann also nicht streng ergodisch sein. Er könnte aber immerhin schwach ergodisch sein; wir berechnen also den empirischen Mittelwert:

$$\mu_{x,\infty} = \lim_{T\to\infty} \frac{1}{T} \int_{-T/2}^{T/2} X\, dt = X \cdot \lim_{T\to\infty} \frac{1}{T} \int_{-T/2}^{T/2} dt = X \ .$$

Auch dieser hängt von der speziellen Realisierung ab. Der konstante SP ist somit auch nicht schwach ergodisch.

Der konstante SP ist ein sehr einfaches Beispiel für einen *singulären* SP. Im allgemeinen sind singuläre SPs nicht ergodisch. Ein (zeitdiskretes) Beispiel für einen i.a. nichtsingulären, nicht ergodischen SP ist eine zerfallende Markoff-Kette (vgl. Abschnitt 5.5).

Ein wichtiges Beispiel für einen ergodischen SP ist durch einen stationären, streng weißen, Gaußschen SP gegeben.

ZEITMITTELWERTE ALS SCHÄTZER. Im Fall eines ergodischen SP ist es naheliegend, die empirischen WDFs bzw. Zeitmittelwerte als **Schätzer** für die entsprechenden WDFs bzw. Scharmittelwerte zu verwenden. Die Integrationsdauer T entspricht dabei dem *Stichprobenumfang* von Kapitel 4; es ist also zu erwarten, daß i.a. die Schätzergebnisse mit zunehmender Integrationsdauer T besser werden. Weiter oben wurde gezeigt, daß im Fall der strengen bzw. schwachen Stationarität die *Erwartungswerte* der empirischen WDFs bzw. Zeitmittelwerte auch für endliche Integrationsdauer T mit den entsprechenden WDFs bzw. Scharmittelwerten übereinstimmen;

$$E\{p^{(1)}_{x,T}(\xi)\} = p^{(1)}_x(\xi) \ , \qquad E\{p^{(2)}_{x,T}(\xi_1,\xi_2;\tau)\} = p^{(2)}_x(\xi_1,\xi_2;\tau) \qquad \text{usw. ;}$$

$$E\{\mu_{x,T}\} = \mu_x \ , \qquad E\{R_{x,T}(\tau)\} = R_x(\tau) \ .$$

Die Schätzer sind also **erwartungstreu**. Ist weiters der SP $x(t)$ streng bzw. schwach *ergodisch*, dann gehen die Varianzen der Schätzer im Grenzfall unendlicher Integrationszeit gegen null,

$$\lim_{T\to\infty} \text{var}\{p^{(1)}_{x,T}(\xi)\} = 0 \ , \qquad \lim_{T\to\infty} \text{var}\{p^{(2)}_{x,T}(\xi_1,\xi_2;\tau)\} = 0 \qquad \text{usw. ;}$$

$$\lim_{T\to\infty} \text{var}\{\mu_{x,T}\} = 0 \ , \qquad \lim_{T\to\infty} \text{var}\{R_{x,T}(\tau)\} = 0 \ .$$

Im Fall der Ergodizität sind die Schätzer also auch **konsistent**.

KURZZEIT–STATIONÄRE PROZESSE. Ist der SP $x(t)$ *instationär*, dann sind die Scharmittelwerte zeitabhängig und können somit prinzipiell nicht den (zeitunabhängigen) Zeitmittelwerten gleich sein. In manchen Fällen ist aber die zeitliche Variation der SP-Eigenschaften so langsam, daß diese Eigenschaften innerhalb gewisser Zeitintervalle näherungsweise als konstant angesehen werden können. Solche SPs werden als **kurzzeit-stationär** bezeichnet. Insbesondere sind die Scharmittelwerte eines kurzzeit-stationären SP in einer lokalen Umgebung ($t_0-T/2$, $t_0+T/2$) eines beliebigen Zeitpunkts t_0 jeweils näherungsweise konstant: z.B. gilt für den Mittelwert

$$\mu_x(t) \approx \mu_x(t_0) \qquad \text{für} \qquad t_0-\frac{T}{2} < t < t_0+\frac{T}{2} \qquad .$$

Dementsprechend können dann *lokale* Versionen der empirischen WDFs bzw. Zeitmittelwerte wieder als Schätzer der WDFs bzw. Scharmittelwerte verwendet werden, wobei die Integrationsdauer höchstens gleich der "Stationaritätsdauer" T des SPs sein darf.

Beispielsweise kann der *lokale* Zeitmittelwert

$$\mu_{x,T}^{(t_0)} \; := \; \frac{1}{T} \int\limits_{t_0-T/2}^{t_0+T/2} x(t)\,dt$$

als Schätzer des Scharmittelwerts $\mu_x(t)$ im Intervall $t_0-T/2 < t < t_0+T/2$ verwendet werden. Da die Varianz der Schätzer mit zunehmender Integrationsdauer (=Stationaritätsdauer) T abnimmt, ist die Schätzung umso genauer möglich, je größer die Stationaritätsdauer des SP ist, d.h. je langsamer zeitvariant der SP ist.

5.7 Rauschen

THERMISCHES RAUSCHEN. Eine praktisch wichtige Störquelle stellt das ***thermische Rauschen*** elektrisch leitender Materialien dar, das durch stochastische (zufällige) Bewegungen geladener Teilchen (Elektronen) hervorgerufen wird.

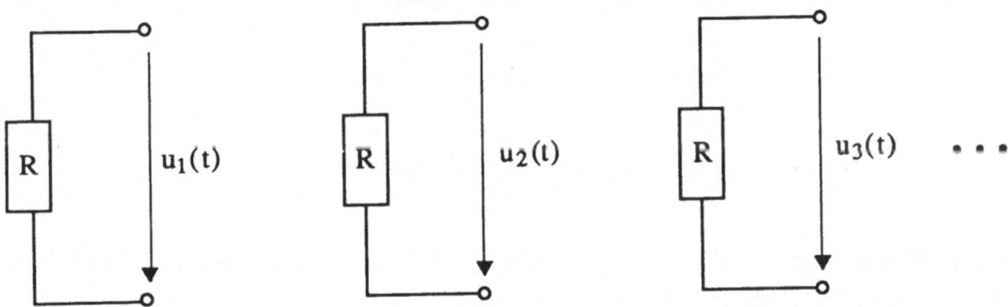

Bild 5.16: Ensemble rauschender Widerstände

Wir betrachten ein Ensemble von identischen Widerständen gemäß Bild 5.16 und fassen das zugehörige Ensemble der (Leerlauf-) Spannungsverläufe $u_i(t)$ zu einem SP $u(t)$ zusammen. Haben alle Widerstände dieselbe (zeitlich konstante) Temperatur T, dann folgt aus der Quantenmechanik, daß der SP $u(t)$ *stationär* ist und Mittelwert, mittlere Leistung und LDS gegeben sind durch:

$\mu_{\mathbf{u}} = 0$ (mittelwertfrei)

$\rho_{\mathbf{u}}^2 = \sigma_{\mathbf{u}}^2 = \dfrac{\pi}{3\hbar}\,(kT)^2\,R$ (endlich)

$G_{\mathbf{u}}(\omega) = \dfrac{2\,R\hbar\,|\omega|}{e^{\hbar|\omega|/(kT)}-1}$

mit   R ... Widerstand

T ... absolute Temperatur

$k = 1.37 \cdot 10^{-23}\,JK^{-1}$ ... Boltzmann-Konstante

$h = 6.62 \cdot 10^{-34}\,Js$ ... Plancksches Wirkungsquantum

$\hbar = \dfrac{h}{2\pi}$

Weiters sind die Zufallsvariablen des SP **u**(t) zu jedem Zeitpunkt t Gauß-verteilt (zentraler Grenzwertsatz, vgl. Abschnitt 3.5).

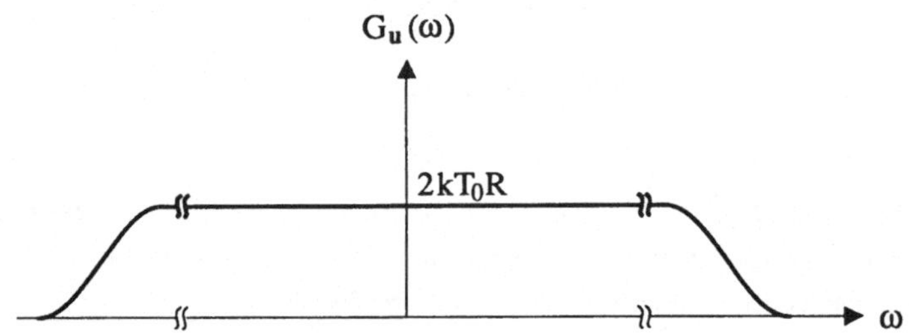

Bild 5.17: Leistungsdichtespektrum von thermischem Rauschen

Mit der Potenzreihenentwicklung der Exponentialfunktion

$$e^{\frac{\hbar|\omega|}{kT}} = 1 + \frac{\hbar|\omega|}{kT} + \frac{1}{2}\left(\frac{\hbar|\omega|}{kT}\right)^2 + \dots$$

ergibt sich eine einfache Näherung für das LDS: bei Raumtemperatur ($T \approx T_0 = 300K$) gilt für das LDS (Abbruch der Reihe nach dem linearen Glied)

$$G_{\mathbf{u}}(\omega) = G_{\mathbf{u}}(2\pi f) \approx 2\,kT_0R \qquad \text{für}\quad |f| \ll \frac{kT}{h} \approx 6 \cdot 10^{12}\,Hz$$

($10^{12}\,Hz$ liegt im Infrarot-Bereich des elektromagnetischen Spektrums). Im für uns interessanten Frequenzbereich ist das LDS also konstant. Tatsächlich beobachten wir nun nie die Rauschspannung **u**(t) selbst, sondern immer nur durch Meßsysteme tiefpaß-gefilterte Versionen **v**(t), wobei die Grenzfrequenz des Meßsystems weit unterhalb von $10^{12}\,Hz$ liegt. Für das LDS gilt also

$$G_{\mathbf{v}}(\omega) = G_{\mathbf{u}}(\omega)\,|H(\omega)|^2 \approx 2kT_0R\,|H(\omega)|^2$$

wobei $H(\omega)$ die Übertragungsfunktion des Meßsystems ist. Da nun Frequenzkomponenten oberhalb der Grenzfrequenz ohnehin nicht "durchkommen", können wir uns das LDS des ursprünglichen SP $u(t)$ oberhalb der Grenzfrequenz beliebig fortgesetzt denken; wir setzen es zweckmäßigerweise *konstant* fort und modellieren daher das Widerstandsrauschen als *weißes Rauschen*,

$$G_u(\omega) := \frac{\eta}{2} = 2\,kT_0R \qquad \text{für} \quad -\infty < \omega < \infty$$

sodaß

$$\eta = 4\,kT_0R\;.$$

Diese sehr praktische Festsetzung hat zur Konsequenz, daß die mittlere Leistung (Varianz) nun unendlich ist,

$$\rho_u^2 = \sigma_u^2 = \infty\;;$$

der tatsächlich beobachtbare Rauschprozeß $v(t)$ hat jedoch stets endliche Leistung.

Für den Entwurf und die Analyse von Schaltungen ist es günstig, rauschende Widerstände durch rauschfreie Widerstände zu ersetzen und die Rauschspannungen durch separate Spannungs- oder Stromquellen zu modellieren. Damit ergeben sich die beiden in Bild 5.18 dargestellten **Ersatzschaltungen**. Im allgemeinen Fall einer nicht-weißen Rauschquelle werden als Kenngrößen die LDS $G_u(\omega)$ bzw. $G_i(\omega) = G_u(\omega)/R^2$ explizit angegeben.

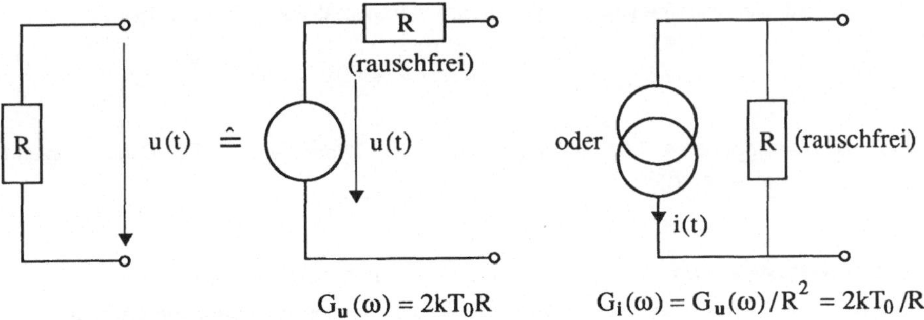

Bild 5.18: Ersatzschaltungen eines rauschenden Widerstands

Mit Hilfe der Spannungsquellen-Ersatzschaltung ermitteln wir die maximal abgebbare Rauschleistung $P_{ab,max}$, die sich bei Anpassung ergibt. Der rauschende Widerstand stellt eine Quelle mit Leerlaufspannung $u(t)$ und (rauschfreiem) Innenwiderstand R dar. Der Lastwiderstand selbst wird als rauschfrei (z.B. tiefgekühlt) angenommen. Anpassung herrscht, wenn Lastwiderstand = Innenwiderstand = R.

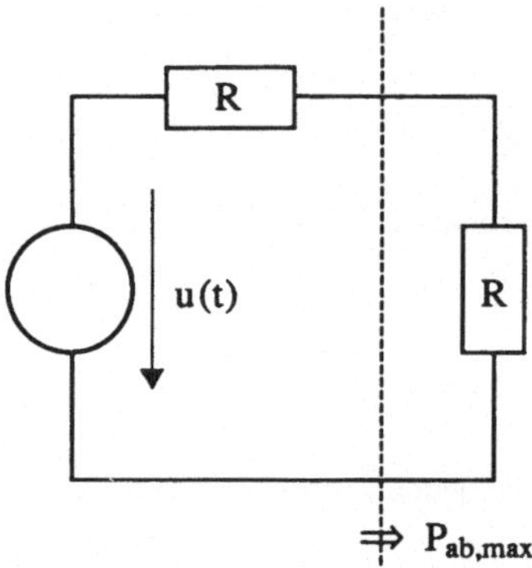

Bild 5.19: Rauschender Widerstand mit angepaßtem Lastwiderstand

Am Lastwiderstand fällt die Spannung $u(t)/2$ ab; die mittlere Rauschleistung am Lastwiderstand ist daher

$$E\{P_{ab,max}\} = E\left\{\frac{[u(t)/2]^2}{R}\right\} = \frac{\varrho_u^2}{4R} \ .$$

Bezogen auf die Kreisfrequenz ergibt sich als maximal abgebbares LDS

$$G_{ab,max}(\omega) = \frac{G_u(\omega)}{4R} = \frac{2kTR}{4R} = \frac{kT}{2} \ :$$

das maximal abgebbare LDS ist unabhängig vom Widerstand R. Bei Raumtemperatur ist $G_{ab,max}(\omega) \approx 2\cdot 10^{-21}$ Ws.

RAUSCHTEMPERATUR. Es sei nun allgemein $u(t)$ ein mittelwertfreier weißer SP (physikalische Dimension: elektrische Spannung) mit dem frequenzunabhängigen LDS

$$G_u(\omega) = \frac{\eta}{2} \qquad \text{für} \quad -\infty < \omega < \infty \ .$$

Auch wenn die Rauschspannung $u(t)$ *nicht* thermisch verursacht ist, können wir eine *Rauschtemperatur* T_N über die (an sich nur für thermisches Rauschen physikalisch sinnvolle) Beziehung $G_{ab,max}(\omega) = kT/2$ definieren:

$$G_u(\omega) = \frac{\eta}{2} =: \frac{kT_N}{2} \qquad \Rightarrow \qquad T_N = \frac{2\,G_u(\omega)}{k} = \frac{\eta}{k} \quad .$$

Für nicht thermisch verursachtes Rauschen ist die so definierte Rauschtemperatur eine reine Kennzahl zur Charakterisierung der Stärke des Rauschens (so wie η selbst); sie hat keinen Bezug zu einer im physikalischen Sinn existenten Temperatur.

RAUSCHBANDBREITE. Im Zusammenhang mit der Filterung von weißem Rauschen durch ein LTI-System wird oft der Begriff der *Rauschbandbreite* verwendet. Es sei $x(t)$ ein mittelwertfreier weißer SP mit LDS

$$G_x(\omega) \equiv \frac{\eta}{2} \quad .$$

Der SP $x(t)$ liege am Eingang eines (nichtidealen) Bandpasses mit der Übertragungsfunktion $H(\omega)$. Für die mittlere Leistung des Ausgangs-SP $y(t)$ gilt dann

$$\rho_y^2 = \frac{1}{2\pi} \int_{-\infty}^{\infty} G_y(\omega)\,d\omega = \frac{1}{2\pi} \int_{-\infty}^{\infty} |H(\omega)|^2\,G_x(\omega)\,d\omega = \frac{\eta}{2}\,\frac{1}{2\pi} \int_{-\infty}^{\infty} |H(\omega)|^2\,d\omega =$$

$$= \frac{\eta}{2\pi} \int_{0}^{\infty} |H(\omega)|^2\,d\omega \quad ,$$

wobei berücksichtigt wurde, daß $|H(-\omega)|=|H(\omega)|$.

Die *Rauschbandbreite* B_N des Bandpasses ist dann definiert gemäß

$$\int_{0}^{\infty} |H(\omega)|^2\,d\omega =: |H(\omega)|^2_{max} \cdot 2\pi B_N \quad \ldots\ldots\ldots \quad B_N = \frac{1}{2\pi}\,\frac{\int_{0}^{\infty} |H(\omega)|^2\,d\omega}{|H(\omega)|^2_{max}} \quad ,$$

wobei $|H(\omega)|^2_{max}$ der Maximalwert des Energiedichtespektrums der Bandpaß-Impulsantwort ist. Es wird also das Energiedichtespektrum des ursprünglichen Bandpasses durch das Energiedichtespektrum eines *idealen* Bandpasses mit gleichem Maximalwert $|H(\omega)|^2_{max}$ und gleicher Fläche $\int |H(\omega)|^2 d\omega$ ersetzt.

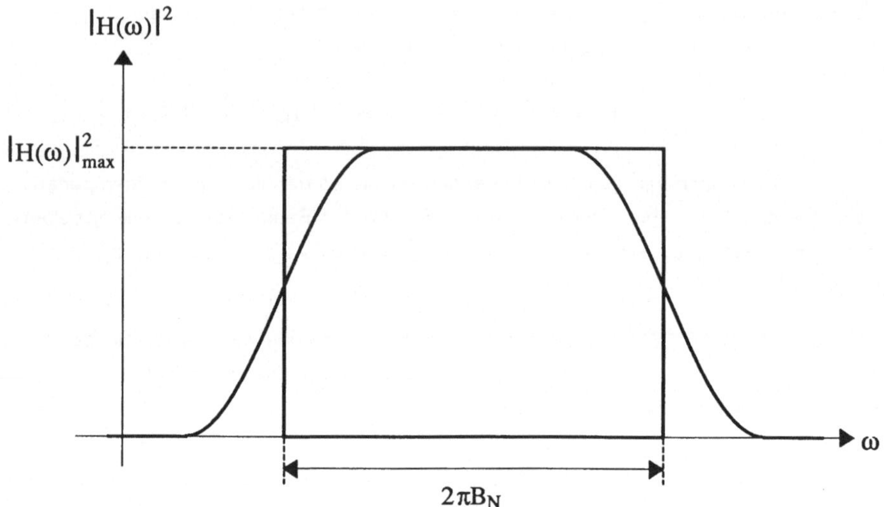

Bild 5.20: Zur Definition der Rauschbandbreite

Mit der Rauschbandbreite B_N läßt sich dann die mittlere Ausgangsleistung sehr kompakt anschreiben gemäß

$$\rho_y^2 \;=\; \frac{\eta}{2\pi} \int\limits_0^\infty |H(\omega)|^2\,d\omega \;=\; \eta\,|H(\omega)|^2_{max}\,B_N \quad .$$

5.8 Pseudozufallsfolgen

ERZEUGUNG UND EIGENSCHAFTEN VON M-FOLGEN. Für viele nachrichtentechnische Anwendungen und Simulationen benötigt man (determinierte) Signale, die den *Realisierungen stochastischer Prozesse mit vorgegebenen Eigenschaften* möglichst ähnlich sind. Besonders wichtig sind dabei Realisierungen eines *gleichverteilten* und *weißen* binären SP. Ein zeitdiskretes, determiniertes Signal, das der Realisierung eines weißen (allgemeiner: regulären) ergodischen SP nahekommt, wird ***Pseudozufallsfolge (PZF)*** genannt.

Es geht also nicht darum, einen *SP* zu erzeugen, sondern eine *Realisierung* eines modellhaft vorgegebenen SP zu simulieren. Die erwünschten Eigenschaften können z.B. mit den in Abschnitt 5.6 eingeführten *Zeitmittelwerten* bzw. *empirischen Wahrscheinlichkeiten* überprüft werden. Aus den PZFs lassen sich weiters durch verschiedene Signalverarbeitungsmethoden (z.B. Filterung) Signale mit anderen erwünschten Eigenschaften ableiten. Gegenüber der Verwendung wirklich *zufälliger* Rauschsignale (z.B. Widerstandsrauschen) haben PZFs den Vorteil der exakten Reproduzierbarkeit.

Aufgrund ihrer einfachen Erzeugung und algebraischen Struktur haben die durch *rückgekoppelte binäre Schieberegister* erzeugten PZFs besondere technische Bedeutung erlangt. Diese PZFs sind *binäre* Signale, d.h. wertdiskret mit den beiden möglichen Werten $a_1=0$ und $a_2=1$. Das Erzeugungsschema einer solchen binären PZF, d.h. das Schaltbild eines rückgekoppelten binären Schieberegisters, ist in Bild 5.21 gezeigt.

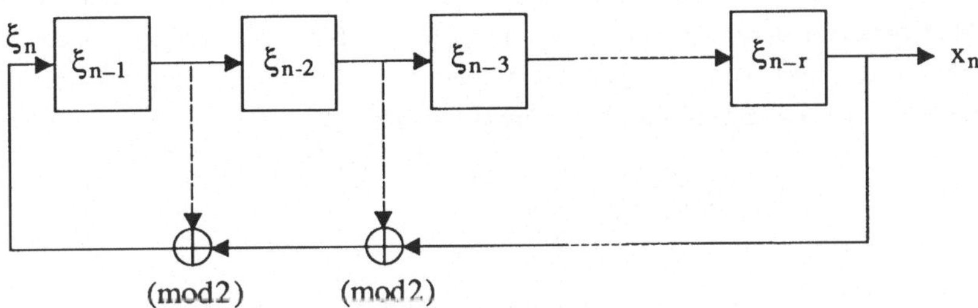

Bild 5.21: Rückgekoppeltes Schieberegister zur Erzeugung binärer Pseudozufallsfolgen

Das Schieberegister der Länge r besteht aus r binären Speicher- bzw. Verzögerungselementen. Bestimmte Speicherausgänge sind über mod2-Additionen an den Eingang rückgekoppelt; der letzte Speicherinhalt wird dabei stets rückgekoppelt, damit die volle Speicherlänge ausgenützt wird. Das rückgekoppelte Schieberegister wird mit einem bestimmten Anfangszustand (einer anfänglichen Belegung der Speicherelemente) gestartet. Da es kein Eingangssignal gibt, beobachtet man am Ausgang nur die "Eigenschwingungen" des binären Systems. Der Anfangszustand darf jedenfalls nicht das Nullwort sein (jedes Speicherelement enthält 0), sonst erhält man am Ausgang das Nullsignal, was für die Simulation einer Realisierung eines weißen Prozesses klarerweise unbrauchbar ist.

Gemäß Bild 5.21 ist die PZF x_n durch eine Rekursion der Form

$$\xi_n = \xi_{n-r} + \xi_{n-m_1} + \xi_{n-m_2} + \cdots \quad , \qquad x_n = \xi_{n-r}$$

definiert. Die Parameter $m_1, m_2, \ldots$ bestimmen die Art der Rückkopplung, d.h. welche Registerinhalte rückgekoppelt sind und welche nicht; dadurch wird die Struktur der binären Ausgangsfolge ganz wesentlich beeinflußt. Insbesondere besitzt die Ausgangsfolge nur für ganz bestimmte Rückkopplungskonstellationen jene Struktur, die für eine Interpretation und Verwendung als Pseudozufallsfolge notwendig ist.

Da wir hier nicht auf die Theorie und mathematische Beschreibung binärer PZFs eingehen können, besprechen wir die wichtigsten Eigenschaften solcher PZFs ohne Beweis. Die Schieberegisterlänge r, die vorhandenen Rückkopplungen und der Anfangszustand bestimmen die resultierende Ausgangsfolge x_n. Die Ausgangsfolge x_n ist bei jeder beliebigen Rückkopplungskonstellation *periodisch*, $x_{n+L} = x_n$; für die Periode L gilt $L \leq 2^r - 1$. Diese Periodizität ist prinzipiell unerwünscht, da sie dem SP-Modell widerspricht. Man versucht daher, die Periode L möglichst groß zu machen: es werden für PZFs deshalb nur solche Rückkopplungskonstellationen verwendet, die auf die (bei vorgegebener Schieberegisterlänge r) *maximale* Periode

$$L_{max}(r) = 2^r - 1$$

führen. Solche PZFs werden **Folgen maximaler Länge** (kurz **m-Folgen**) genannt; die zugehörige Rückkopplungskonstellation heißt **primitiv**. Wir erkennen eine angenehme Eigenschaft von m-Folgen: die Periodenlänge L wächst *exponentiell* mit der Schieberegisterlänge r – verhältnismäßig kurze Schieberegister ergeben also bereits sehr lange Perioden. Für eine gegebene Schieberegisterlänge r existieren (je nach der speziellen Rückkopplungskonstellation) mehrere voneinander verschiedene m-Folgen; die Anzahl der verschiedenen m-Folgen gleicher Periode nimmt dabei mit der Schieberegisterlänge r stark zu. Die primitiven Rückkopplungskonstellationen sind für verschiedene Schieberegisterlängen r in der Literatur tabelliert.

Beispiel. Wir ermitteln die Folge der im Schieberegister enthaltenen binären Wörter sowie die Ausgangsfolge für das in Bild 5.22 gezeigte Schieberegister der Länge r=3. Der Anfangszustand sei (001).

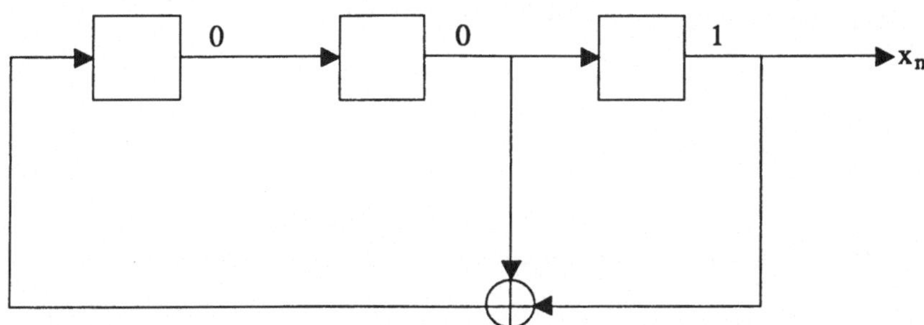

Bild 5.22: Erzeugung einer binären Pseudozufallsfolge der Periode 7

Folge der Schieberegister-Wörter   Ausgangsfolge:

$$
\begin{array}{ccc}
\mathbf{0} & \mathbf{0} & \mathbf{1}\\
1 & 0 & 0\\
0 & 1 & 0\\
1 & 0 & 1\\
1 & 1 & 0\\
1 & 1 & 1\\
0 & 1 & 1\\
\hline
\mathbf{0} & \mathbf{0} & \mathbf{1}\\
1 & 0 & 0\\
\end{array}
$$

$$1\,0\,0\,1\,0\,1\,1\,\big|\,1\,0\,\cdots$$

Periode 7

Die Periode ist L=7=2³-1; die Rückkopplung ist somit *primitiv* und die resultierende Ausgangsfolge ist eine *m-Folge*.

Zur Formulierung weiterer wichtiger Eigenschaften von m-Folgen verwenden wir die in Abschnitt 5.6 betrachteten "empirischen" Größen wie z.B. den als Zeitmittelwert definierten empirischen Mittelwert oder empirische Wahrscheinlichkeiten. Man überlegt sich leicht, daß es bei der Berechnung der empirischen Zeitmittelwerte im Fall eines L-periodischen Signals genügt, über eine Periode L zu summieren. Beispielsweise gilt für den empirischen Mittelwert $\mu_{x,\infty}$ und die empirische AKF $R_{x,\infty}(m)$

$$\mu_{x,\infty} = \lim_{N\to\infty} \frac{1}{2N+1} \sum_{n=-N}^{N} x_n = \frac{1}{L} \sum_{n=0}^{L-1} x_n \quad ,$$

$$R_{x,\infty}(m) = \lim_{N\to\infty} \frac{1}{2N+1} \sum_{n=-N}^{N} x_{n+m}\,x_n = \frac{1}{L} \sum_{n=0}^{L-1} x_{n+m}\,x_n \quad .$$

Wir betrachten weiters die *empirischen Wahrscheinlichkeiten*

$$P_x[0] = \frac{\text{Anzahl der "0" innerhalb einer Periode } L}{L = \text{insgesamte Anzahl der Zeitpunkte in einer Periode}}$$

$$P_x[1] = \frac{\text{Anzahl der "1" innerhalb einer Periode } L}{L = \text{insgesamte Anzahl der Zeitpunkte in einer Periode}}$$

wobei natürlich $P_x[0]+P_x[1]=1$. Alle m-Folgen (also PZFs mit der maximalen Periode $L_{max}(r) = 2^r-1$) zeichnen sich durch folgende Eigenschaften aus:

1) Innerhalb einer Periode kommt jedes der 2^r möglichen binären Wörter der Länge r genau einmal als Schieberegisterinhalt vor – mit Ausnahme des Nullworts (würde dieses auftreten, dann wäre nachher alles null).

2) Weil das Nullwort fehlt, ist in der Ausgangsfolge x_n (d.h. der m-Folge) die Anzahl der Nullen um eins kleiner als die Anzahl der Einsen: innerhalb einer Periode gibt es in der m-Folge $(L+1)/2 = 2^r/2 = 2^{r-1}$ Einsen und $(L+1)/2 - 1 = 2^{r-1}-1$ Nullen – die Anzahl der Nullen ist also um 1 kleiner als jene der Einsen. Für die *empirischen Wahrscheinlichkeiten* bedeutet das

$$P_x[0] = \tfrac{1}{2} - \tfrac{1}{2L} \; , \qquad\qquad P_x[1] = \tfrac{1}{2} + \tfrac{1}{2L} \; .$$

Bei hinreichend großer Periode L (in der Praxis stets erfüllt) gilt demnach

$$P_x[0] \approx P_x[1] \approx \tfrac{1}{2} \; ,$$

d.h. es herrscht näherungsweise *Gleichverteilung*.

3) Das *empirische Mittel* ist

$$\mu_{x,\infty} = 0 \cdot P_x[0] + 1 \cdot P_x[1] = \tfrac{1}{2} + \tfrac{1}{2L} \approx \tfrac{1}{2} \; .$$

Die m-Folge ist also nicht mittelwertfrei; andererseits läßt sich (näherungsweise) Mittelwertfreiheit leicht durch eine nachträgliche Umcodierung der binären Werte erreichen, z.B. $0 \rightarrow -1$, $1 \rightarrow 1$.

4) Die *empirische mittlere Leistung* und die *empirische Varianz* sind

$$\rho^2_{x,\infty} = 0^2 \cdot P_x[0] + 1^2 \cdot P_x[1] = \mu_{x,\infty} = \frac{1}{2} + \frac{1}{2L} \approx \frac{1}{2} \; ,$$

$$\sigma^2_{x,\infty} = \rho^2_{x,\infty} - \mu^2_{x,\infty} = \dots = \frac{1}{4} - \frac{1}{4L^2} \approx \frac{1}{4} \; .$$

5) Die *empirische Autokovarianzfunktion* ist selbst L-periodisch und (bei hinreichend großer Periode L) gegeben durch

$$C_{x,\infty}(m) \approx \sigma^2_{x,\infty} \sum_{k=-\infty}^{\infty} \delta(m-kL) = \begin{cases} 0, & m \neq kL \\ \sigma^2_{x,\infty}, & m = kL \end{cases} .$$

Die m-Folge entspricht also der Realisierung eines SP, bei dem die Zufallsvariablen in beliebigen Abständen – ausgenommen Vielfache der Periode L – unkorreliert sind. Abgesehen von der Periodizität entspricht dies der Realisierung eines *schwach weißen* SP. Für die *empirische AKF* gilt

$$R_{x,\infty}(m) = C_{x,\infty}(m) + \mu^2_{x,\infty} \approx \mu^2_{x,\infty} + \sigma^2_{x,\infty} \sum_{k=-\infty}^{\infty} \delta(m-kL) \; ;$$

sie ist selbst L-periodisch. Somit erhält man für das *empirische LDS* (vgl. Abb. auf der nächsten Seite)

$$G_{x,\infty}(\Theta) = \mathfrak{F}\{R_{x,\infty}(m)\} = \sum_{m=-\infty}^{\infty} R_{x,\infty}(m)\, e^{-j\Theta m} = \dots \approx$$

$$\approx \mu^2_{x,\infty}\, 2\pi \sum_{k=-\infty}^{\infty} \delta(\Theta - k2\pi) + \sigma^2_{x,\infty}\, \frac{2\pi}{L} \sum_{k=-\infty}^{\infty} \delta\left(\Theta - k\frac{2\pi}{L}\right) .$$

Der erste Term umfaßt eine Spektrallinie bei der normierten Kreisfrequenz $\Theta=0$ (bedingt durch den Gleichanteil $\mu_{x,\infty}$) und periodische Fortsetzungen bei Vielfachen der spektralen Grundperiode 2π (das Spektrum ist 2π-periodisch, weil die m-Folge x_n ein zeitdiskretes Signal ist); der zweite Term besteht aus einer dichten Folge gleich starker Spektrallinien bei Vielfachen der normierten Kreisfrequenz $2\pi/L$ (anstelle des bei weißen SPs auftretenden konstanten LDS-Anteils erhält man hier ein Linienspektrum, weil die m-Folge x_n ein periodisches Signal ist).

6) Startet man das Schieberegister mit verschiedenen Anfangszuständen (ausgenommen Nullwort), so ergibt sich immer dieselbe m-Folge am Ausgang, nur mit unterschiedlichen Phasenlagen, d.h. zeitlichen Verschiebungen. Der Anfangszustand legt also lediglich die Phasenlage der Folge fest.

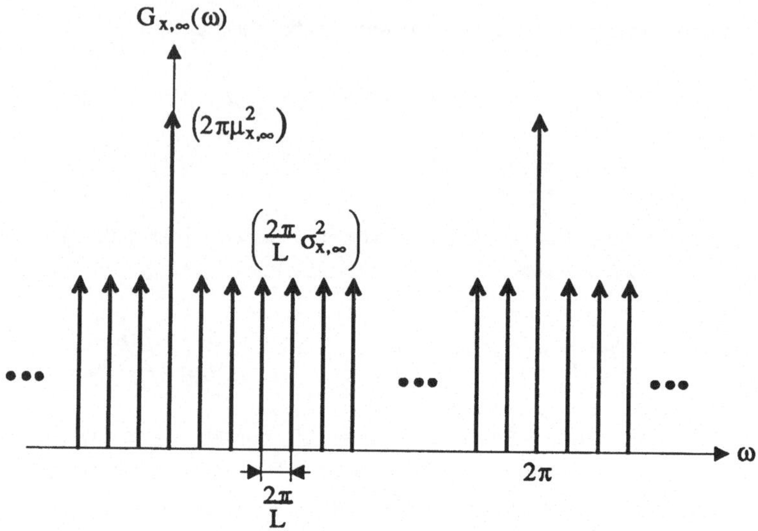

Bild 5.23: Empirisches Leistungsdichtespektrum einer m-Folge

7) "Run property": Homogene Blöcke ("runs") unmittelbar aufeinanderfolgender Einsen der Länge K sind für K < r−1 etwa gleich häufig wie homogene Blöcke von Nullen derselben Länge K und halb so häufig wie homogene Blöcke der Länge K−1. "Dauerlagen" von Einsen oder Nullen der Länge K werden also mit zunehmender Länge K immer seltener. Die maximal mögliche Dauerlagenlänge K_{max} ist dabei nie größer als die Schieberegisterlänge r.

8) "Cycle-and-add property": Bitweise mod2-Addition zweier beliebig gegeneinander verschobener Versionen derselben m-Folge liefert eine weitere verschobene Version genau dieser m-Folge (Ausnahme: Verschiebung um Vielfaches der Periode L, hier erhält man die Nullfolge).

9) Nimmt man aus einer m-Folge mit der Periode L jeden k-ten Wert (mit k, L teilerfremd), dann ist die mit diesen Werten gebildete Folge wieder eine m-Folge mit derselben Periode L.

Für die Verwendung als *Pseudozufallsfolge* sind insbesondere die Eigenschaften 2 ("Gleichverteilung"), 5 ("Weißheit") und 7 (Run Property) wesentlich.

ERZEUGUNG VON WEISSEM RAUSCHEN MIT GAUSS-VERTEILTEN AMPLITUDEN.
M-Folgen werden auch oft zur Erzeugung von Signalen verwendet, die eine Realisierung eines (bandbegrenzten) weißen SP mit Gaußscher WDF 1. Ordnung annähern. Wie erwähnt, ist eine m-Folge der Realisierung eines *weißen* SP ähnlich. Wir betrachten daher einen streng weißen SP x_n, für den die Zufallsvariablen x_{n+m} und x_n für $m \neq 0$ statistisch unabhängig sind. Schickt man den SP x_n über einen (annähernd idealen) Tiefpaß mit der Impulsantwort h_n, dann erhält man als Ausgangs-SP

$$y_n = \sum_{k=-\infty}^{\infty} h_{n-k} x_k \ .$$

Innerhalb des Tiefpaß-Durchlaßbereichs bleibt das konstante (weiße) LDS des SP x_n erhalten; Frequenzen oberhalb der Tiefpaß-Grenzfrequenz werden dagegen weitgehend unterdrückt. Die Amplitudenstatistik des Ausgangs-SP y_n läßt sich folgendermaßen abschätzen. Gemäß der obigen Faltungsbeziehung ist die Zufallsvariable y_n eine Linearkombination der *statistisch unabhängigen* Zufallsvariablen x_k. Unter bestimmten Voraussetzungen bezüglich der Tiefpaß-Impulsantwort (z.B. Taktfrequenz von x_n viel größer als die Tiefpaß-Grenzfrequenz) ist daher nach dem *zentralen Grenzwertsatz* (s. Abschnitt 3.5) y_n eine (zumindest näherungsweise) *Gauß-verteilte* Zufallsvariable. Die WDF 1. Ordnung des Ausgangs-SP y_n ist also gaußförmig. Die WDFs höherer Ordnungen von y_n sind aber nicht notwendigerweise gaußförmig; der Ausgangs-SP y_n ist also i.a. nicht Gauß-verteilt im Sinn von Abschnitt 5.4.

SCRAMBLER. Ähnlich wichtig wie die Erzeugung eines "weißen" Signals ist die Umsetzung eines beliebigen Signals (mit weitestgehend unbekannter zeitlicher Struktur) in ein näherungsweise "weißes" Signal, d.h. ein Signal mit flachem empirischem LDS. In der Übertragungstechnik kann sehr oft über die Statistik der zu übertragenden Daten überhaupt keine Aussage gemacht werden. In der Praxis sind z.B. auch sehr lange Dauerlagen von 0 oder 1 möglich. Ohne zusätzliche Maßnahmen führen solche Dauerlagen dann oft zu Synchronisierungsschwierigkeiten beim Empfänger, zu anomalen Sendespektren (Einschnürung des Spektrums auf einige wenige Spektrallinien), zu Problemen mit Übertragern (die keinen Gleichanteil übertragen können), zu Konvergenz-schwierigkeiten adaptiver Systeme (z.B. adaptiver Entzerrer) usw.

Systeme zur *Verwürfelung* von Daten, die aus einer weitgehend beliebigen Datensequenz eine neue Datensequenz mit i.a. "weißer" Struktur machen, werden **Scrambler** genannt.

Mit primitiv rückgekoppelten binären Schieberegistern lassen sich sehr einfach Scrambler realisieren – es genügt, das Schieberegister mit einem Daten-Eingang zu versehen. Bild 5.24 zeigt ein Beispiel.

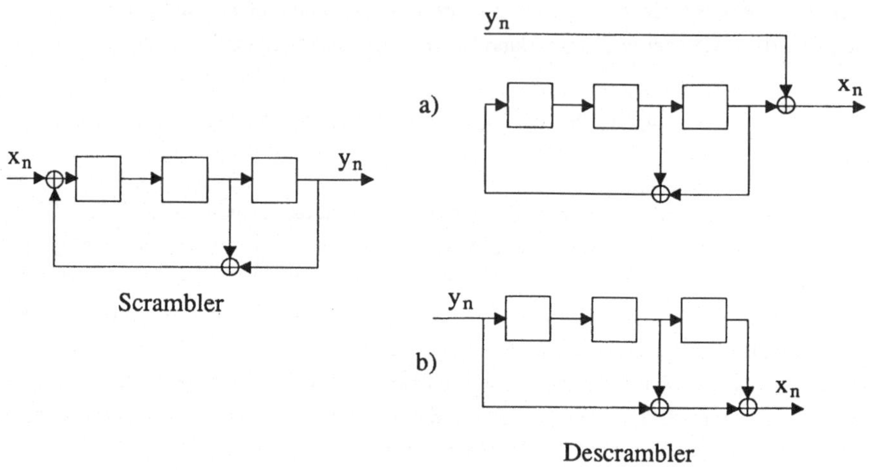

Bild 5.24: Scrambler und Descrambler

Auch bei Scramblern sind *primitive* Rückkopplungen besonders zweckmäßig für eine möglichst gute Verwürfelung der Daten. Legt man an den Eingang eines solchen Scramblers (dessen Schieberegister anfänglich lauter Nullen enthält) einen Einsimpuls $\delta(n)$, dann erhält man am Ausgang die entsprechende m-Folge. In diesem Sinn ist die m-Folge als *Impulsantwort* des Scramblers zu deuten.

Wird in einer Übertragungsstrecke im Sender ein Scrambler verwendet, so muß auf der Empfängerseite die senderseitige Verwürfelung durch ein inverses System, den **Descrambler**, rückgängig gemacht werden. Der Descrambler besteht ebenfalls aus binären Speicherelementen und mod2-Additionen. Zwei Methoden sind in Bild 5.24 gezeigt: a) mod2-Addition der dem Scrambler entsprechenden m-Folge, die mit der richtigen Anfangsbedingung gestartet werden muß (Synchronisation erforderlich); b) "Filterung" durch ein *nichtrekursives* Transversalfilter, dessen Abzweigungsstruktur jener des Scramblers entspricht (Synchronisation ergibt sich hier automatisch nach dem Hinausschieben der im Schieberegister anfänglich gespeicherten, beliebigen Bits).

5.9 Anwendungsbeispiel: der lineare Prädiktor

In den vorangegangenen Abschnitten wurde die Theorie stochastischer Prozesse behandelt; zum Abschluß wollen wir nun anhand eines praktisch wichtigen Problems den Einsatz des SP-Konzepts zur Lösung von Aufgaben der Signalverarbeitung demonstrieren. Das im folgenden betrachtete Beispiel ist recht typisch für die Anwendung des SP-Konzepts auf den Entwurf von Signalverarbeitungs-Systemen.

MOTIVATION. Wir gehen aus von der PCM-Übertragung oder -Speicherung analoger Signale. Das analoge (d.h. zeit- und wertkontinuierliche) Signal $x(t)$ wird dazu analog-digital gewandelt, d.h. zunächst durch zeitliche Abtastung (Abtastfrequenz f_a) in ein zeitdiskretes und wertkontinuierliches Signal x_n und dann durch nachfolgende Quantisierung (Auflösung bzw. Wortlänge M bit/Abtastwert) in ein zeit- und wert-diskretes Signal $\tilde{x}_n$ verwandelt. Das Signal $\tilde{x}_n$ wird als Folge binärer Wörter codiert. Die resultierende Datenrate ist $R=f_a M$ bit/s. Die notwendige Abtastrate f_a ist dabei proportional der *Bandbreite* des Analogsignals. Die erforderliche Wortlänge M der binären Wörter steigt dagegen logarithmisch mit der *maximalen Amplitude* des Analogsignals (bei linearer Quantisierung mit vorgegebenen Quantisierungs-Intervallen).

Um die zur Übertragung erforderliche Datenrate zu verringern, quantisieren und übertragen wir nun nicht das Signal x_n selbst, sondern die Differenz

$$d_n = x_n - \hat{x}_n \ ,$$

wobei

$$\hat{x}_n = s(x_{n-1}, x_{n-2}, \dots)$$

ein aus den vorhergehenden Abtastwerten x_{n-1}, x_{n-2}, ... berechneter *Schätzwert* für den aktuellen Abtastwert x_n ist. Wenn der Schätzwert $\hat{x}_n$ hinreichend gut ist, dann wird das "Fehlersignal" d_n kleine Amplituden aufweisen; wir können es daher mit geringerer Wortlänge M codieren als das Signal x_n selbst, wodurch die erforderliche Datenrate kleiner wird.

LINEARE PRÄDIKTION. Etwas anders formuliert, besteht das Problem also darin, aus den vergangenen Abtastwerten und dem gegenwärtigen Abtastwert x_n, x_{n-1}, x_{n-2}, ..

einen Schätzwert $\hat{x}_{n+1}$ für den nächsten zukünftigen Abtastwert x_{n+1} zu berechnen, d.h. den nächsten Abtastwert möglichst gut "vorherzusagen". Aus Gründen der Einfachheit verwenden wir dazu die *lineare* Schätzfunktion

$$\hat{x}_{n+1} = s(x_n, x_{n-1}, x_{n-2}, \ldots) := \sum_{k=0}^{K-1} a_k \, x_{n-k} \quad,$$

sodaß der Schätzwert $\hat{x}_{n+1}$ als Linearkombination des gegenwärtigen sowie der letzten K-1 Abtastwerte gebildet wird. Das Ergebnis der Linearkombination läßt sich darstellen als das Ausgangssignal eines nichtrekursiven LTI-Systems (Filters) der Länge K; die Koeffizienten a_k der Linearkombination sind dabei die Filterkoeffizienten (s. Bild 5.25). Die Schätzung eines zukünftigen Abtastwerts aufgrund des gegenwärtigen und der vergangenen Abtastwerte mit Hilfe einer linearen Schätzfunktion nennen wir **lineare Prädiktion**, das dazu verwendete Filter wird **Prädiktorfilter** und seine Koeffizienten a_k werden **Prädiktorkoeffizienten** genannt.

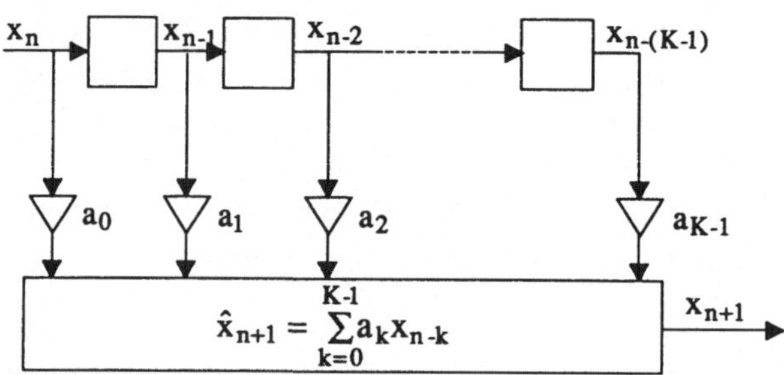

Bild 5.25: Linearer Prädiktor

Die Prädiktorkoeffizienten a_k sind nun so einzustellen, daß der Schätzwert $\hat{x}_{n+1}$ dem tatsächlichen Wert x_{n+1} möglichst nahe kommt bzw. der Fehler $d_{n+1}=x_{n+1}-\hat{x}_{n+1}$ (betragsmäßig) möglichst klein wird. Dabei stehen wir vor dem prinzipiellen Problem, daß die optimalen Prädiktorkoeffizienten $a_{k,opt}$ sicherlich vom konkreten Signal x_n abhängen, dieses Signal aber unbekannt ist. Tatsächlich soll unser Prädiktor aber auch nicht für ein ganz spezielles Signal, sondern für eine ganze Klasse von Signalen mit gewissen bekannten Eigenschaften funktionieren. Zur Bestimmung der Prädiktor-koeffizienten a_k benötigen wir daher eine Betrachtungsweise, die vom konkreten Signal abstrahiert.

Eine solche Betrachtungsweise wird durch das SP-Konzept dargestellt. Wir modellieren unser Signal x_n als Realisierung eines (zeitdiskreten) *schwach stationären* SP $\mathbf{x}_n$, von dem wir gewisse Eigenschaften kennen (wir werden sehen, daß die teilweise Kenntnis der AKF ausreicht). Damit ist auch das aus x_n durch LTI-Filterung gewonnene Signal $\hat{x}_n$ eine Realisierung eines *schwach stationären* SP $\hat{\mathbf{x}}_n$. Als Kriterium für die Güte der Schätzung verwenden wir den mittleren quadratischen Fehler (mean square error, MSE)

$$e_{\mathbf{x}}^2 = E\{\mathbf{d}_n^2\} = E\{(\mathbf{x}_n - \hat{\mathbf{x}}_n)^2\} \ .$$

Der MSE hängt nicht vom Zeitpunkt n ab, da der Fehler-SP $\mathbf{d}_n = \mathbf{x}_n - \hat{\mathbf{x}}_n$ als Differenz zweier schwach stationärer SPs ebenfalls schwach stationär ist und der MSE die mittlere Leistung des Fehler-SP $\mathbf{d}_n$ ist. Dagegen ist der MSE eine Funktion der Prädiktorkoeffizienten a_k. *Die optimalen Prädiktorkoeffizienten definieren wir als jene Prädiktorkoeffizienten, für die der MSE minimal ist:*

$$a_{k,opt} : \qquad e_{\mathbf{x}}^2(a_0, a_1, \ldots, a_{K-1}) \longrightarrow \min \ .$$

Zur Berechnung der optimalen Prädiktorkoeffizienten drücken wir zunächst den MSE als Funktion der Prädiktorkoeffizienten a_k aus:

$$e_{\mathbf{x}}^2(a_0, a_1, \ldots, a_{K-1}) = E\{(\mathbf{x}_n - \hat{\mathbf{x}}_n)^2\} = E\left\{\left(\mathbf{x}_n - \sum_{k=0}^{K-1} a_k \mathbf{x}_{n-k-1}\right)^2\right\} =$$

$$= \underbrace{E\{\mathbf{x}_n^2\}}_{R_{\mathbf{x}}(0)} - 2\sum_{k=0}^{K-1} \underbrace{E\{\mathbf{x}_n \mathbf{x}_{n-k-1}\}}_{R_{\mathbf{x}}(n-(n-k-1))} a_k + \sum_{k=0}^{K-1}\sum_{l=0}^{K-1} \underbrace{E\{\mathbf{x}_{n-k-1}\mathbf{x}_{n-l-1}\}}_{R_{\mathbf{x}}(n-k-1-(n-l-1))} a_k a_l =$$

$$= R_{\mathbf{x}}(0) - 2\sum_{k=0}^{K-1} R_{\mathbf{x}}(k+1) a_k + \sum_{k=0}^{K-1}\sum_{l=0}^{K-1} R_{\mathbf{x}}(k-l) a_k a_l \ .$$

Wir stellen fest, daß der MSE nur von den AKF-Werten $R_{\mathbf{x}}(0)$, $R_{\mathbf{x}}(1)$, ..., $R_{\mathbf{x}}(K)$ des SP $\mathbf{x}_n$ abhängt; alle weiteren Eigenschaften von $\mathbf{x}_n$ gehen in den MSE nicht ein. Dies ist eine direkte Konsequenz der Verwendung des MSE als Gütekriterium: da der MSE selbst ein Moment zweiter Ordnung ist, läßt er sich immer mit den zweiten Momenten (AKF oder KKF) der im MSE enthaltenen SPs ausdrücken. Allgemein bezeichnet man Schätzaufgaben, bei denen ein MSE minimiert wird, als *mean square estimation*. Für die mean square estimation reicht also die Kenntnis der *schwachen* SP-Beschreibung aus.

Die optimalen Prädiktorkoeffizienten minimieren den MSE; wir erhalten sie somit durch Nullsetzen der Ableitung der MSE-Funktion $e_{\mathbf{x}}^2(a_0,a_1,...,a_{K-1})$:

$$\frac{\partial}{\partial a_i}\, e_{\mathbf{x}}^2(a_0,a_1,...,a_{K-1}) \;=\; -2\,R_{\mathbf{x}}(i+1) + 2\sum_{j=0}^{K-1} R_{\mathbf{x}}(i-j)\,a_j = 0\;,\qquad i = 0,1,..,K-1\;.$$

Damit ergeben sich die optimalen Prädiktorkoeffizienten $a_{i,opt}$ als Lösung des K-dimensionalen Gleichungssystems

$$\sum_{j=0}^{K-1} R_{\mathbf{x}}(i-j)\,a_j \;=\; R_{\mathbf{x}}(i+1)\;,\qquad i = 0,1,..,K-1\;.$$

Die optimalen Prädiktorkoeffizienten können somit berechnet werden, sofern die AKF $R_{\mathbf{x}}(m)$ des SP $\mathbf{x}_n$ im Intervall $0 \leq m \leq K$ bekannt ist.

PRAKTISCHE IMPLEMENTIERUNG. Tatsächlich war aber der SP $\mathbf{x}_n$ nur eine Hilfskonstruktion; in Wirklichkeit haben wir ein konkretes Signal x_n zu verarbeiten, das wir als Realisierung des gedachten SP $\mathbf{x}_n$ auffassen. Wir müssen also die AKF $R_{\mathbf{x}}(m)$ des SP $\mathbf{x}_n$ aufgrund der Realisierung x_n *schätzen*, z.B. durch die (auf einem endlichen Signalabschnitt ermittelte) empirische AKF

$$R_{x,2N+1}(m) \;=\; \frac{1}{2N+1}\sum_{n=-N}^{N} x_{n+m}x_n\;;$$

dabei müssen wir natürlich annehmen, daß der SP $\mathbf{x}_n$ ergodisch ist. Die Schätzwerte $R_{x,2N+1}(m)$ treten dann an die Stelle der tatsächlichen AKF-Werte $R_{\mathbf{x}}(m)$, d.h. die optimalen Prädiktorkoeffizienten sind die Lösung des Gleichungssystems

$$\sum_{j=0}^{K-1} R_{x,2N+1}(i-j)\,a_j \;=\; R_{x,2N+1}(i+1)\;,\qquad i = 0,1,..,K-1\;.$$

Einmalige Adaption. Vor Beginn der eigentlichen Prädiktion wird also in einer *Adaptionsphase* zunächst die AKF geschätzt, d.h. die empirische AKF $R_{x,2N+1}(m)$ wird aus dem zu verarbeitenden Signal x_n berechnet, und die Prädiktorkoeffizienten a_k werden mit Hilfe dieser AKF-Schätzwerte gemäß obiger Gleichung ermittelt. Damit stehen die Filterkoeffizienten fest, und die Prädiktion kann beginnen. Das Prädiktorfilter paßt sich somit in der Adaptionsphase an das zu verarbeitende Signal an. Danach werden die Prädiktorkoeffizienten nicht mehr geändert.

Blockweise Adaption. Ein Nachteil der einmaligen Adaption besteht darin, daß sich das zu verarbeitende Signal x_n meist nicht als Realisierung eines *stationären* SP auffassen läßt. Wir erweitern daher unser Modell und nehmen an, daß der SP $\mathbf{x}_n$ *kurzzeit-stationär* ist. Wir können dann die Prädiktion blockweise durchführen, wobei für jeden Block *lokale* Schätzwerte für die AKF $R_\mathbf{x}(m)$ gebildet werden (vgl. Abschnitt 5.6); mit diesen Schätzwerten werden dann Prädiktorkoeffizienten berechnet, die zur Verarbeitung des jeweiligen Signalblocks herangezogen werden. Die Blocklänge darf dabei nicht größer als die Stationaritätsdauer des SP sein. Das Filter stellt sich also durch wiederholte Adaption (Neuberechnung der Prädiktorkoeffizienten) auf die zeitlichen Änderungen der Signaleigenschaften ein.

Kontinuierliche Adaption. Eleganter als die blockweise Adaption ist die *kontinuierliche Adaption*, bei der die Prädiktionskoeffizienten "kontinuierlich" – d.h. in jedem Abtastschritt – geändert und dem Signal angepaßt werden. Das Prädiktionsfilter ist dann ein *adaptives Filter* im engeren Sinn. In jedem Zeitpunkt n gibt es einen neuen Satz von Prädiktionskoeffizienten (Filterkoeffizienten) $a_{n,k}$. Für die Adaption stehen verschiedene Methoden zur Verfügung, auf die wir hier nicht näher eingehen können.

ZUSAMMENFASSUNG. Wir fassen die wesentlichen Punkte des besprochenen Beispiels zusammen.

1) Ein Signalverarbeitungsproblem ist in optimaler Weise zu lösen, wobei die optimale Lösung vom jeweiligen Signal abhängt; das Signal ist aber zunächst nicht bekannt.

2) Wir fassen das Signal als Realisierung eines stationären und ergodischen SP auf; dabei nehmen wir an, daß gewisse Eigenschaften des SP (z.B. AKF) bekannt sind. Wir formulieren ein Gütekriterium, das sich auf den SP (und nicht auf eine spezielle Realisierung) bezieht (z.B. den MSE).

3) In diesem stochastischen Rahmen ist das Problem allgemein lösbar, wobei die Lösung explizit von gewissen SP-Eigenschaften (z.B. der AKF) abhängt.

4) Diese SP-Eigenschaften werden aufgrund des konkreten Signals (in unserem Modell: der SP-Realisierung) durch geeignete Zeitmittelwerte geschätzt; die Schätzwerte werden in die allgemeine Lösung eingesetzt.

5) Durch eine eher heuristische Modifikation wird die unter der Annahme der

Stationarität hergeleitete Methode an den praktisch relevanten Fall der Kurzzeit-Stationarität angepaßt.

DETERMINISTISCHER ANSATZ. Die oben zusammengefaßte Vorgangsweise ist typisch für eine allgemein übliche Art der Herleitung vieler Signalverarbeitungsmethoden. Diese Herleitung geht aus von einem zu verarbeitenden Signal, macht einen Umweg über einen nur gedanklich konstruierten SP und endet wieder beim ursprünglichen Signal, von dem gewisse Zeitmittelwerte in der Lösung verwendet werden. Wir zeigen nun, daß in unserem Beispiel der etwas gekünstelte Umweg über die Stochastik vermeidbar ist, wenn man schon als Gütekriterium keinen Scharmittelwert, sondern einen *Zeitmittelwert* verwendet. Ersetzen wir also im MSE die Scharmittelung durch eine Zeitmittelung und definieren wir als neues Gütekriterium die *empirische mittlere Leistung* des Fehlersignals d_n,

$$e^2_{x,2N+1} := \frac{1}{2N+1} \sum_{n=-N}^{N} d_n^2 = \frac{1}{2N+1} \sum_{n=-N}^{N} (x_n - \hat{x}_n)^2 \ .$$

Die Konstruktion eines SP ist hier nicht mehr nötig. Die empirische Fehlerleistung hängt explizit von den Prädiktorkoeffizienten ab: eine zur weiter oben für den MSE durchgeführten Ableitung vollkommen analoge Ableitung ergibt

$$e^2_{x,2N+1}(a_0, a_1, \ldots, a_{N-1}) =$$

$$= R_{x,2N+1}(0) - 2 \sum_{k=0}^{N-1} R_{x,2N+1}(k+1)\, a_k + \sum_{k=0}^{N-1} \sum_{l=0}^{N-1} R_{x,2N+1}(k-l)\, a_k a_l \ .$$

Dieser Ausdruck ist mit dem MSE-Ausdruck formal identisch, allerdings tritt an die Stelle der AKF $R_x(m)$ eines (hypothetischen) SP $\mathbf{x}_n$ die *empirische AKF*

$$R_{x,2N+1}(m) = \frac{1}{2N+1} \sum_{n=-N}^{N} x_{n+m} x_n$$

des Signals x_n selbst. Die optimalen Prädiktorkoeffizienten ergeben sich daher als Lösung des Gleichungssystems

$$\sum_{j=0}^{K-1} R_{x,2N+1}(i-j)\, a_j = R_{x,2N+1}(i+1) \ , \qquad i = 0,1,..,K-1 \ ,$$

das mit dem Endergebnis der "stochastischen" Herleitung übereinstimmt.

6. ERGÄNZENDE UND WEITERFÜHRENDE LITERATUR

Bosch, K.: Elementare Einführung in die angewandte Statistik. Friedr. Vieweg & Sohn, Braunschweig/Wiesbaden, 1987.

Bosch, K.: Elementare Einführung in die Wahrscheinlichkeitsrechnung. Friedr. Vieweg & Sohn, Braunschweig/Wiesbaden, 1986.

Fisz, M.: Wahrscheinlichkeitsrechnung und Mathematische Statistik. VEB-Verlag, Berlin, 1970.

Hänsler, E.: Grundlagen der Theorie statistischer Signale. Springer Verlag, Berlin Heidelberg New York, 1983.

Kreyszig, E.: Statistische Methoden und ihre Anwendungen. Vandenhoeck & Ruprecht, Göttingen, 1968.

Papoulis, A.: Probability, Random Variables, and Stochastic Processes. McGraw-Hill, New York, 1984.

Peebles, P.Z. Jr.: Probability, Random Variables, and Random Signal Principles. McGraw-Hill, New York, 1980.

Shanmugan, S.K., Breiphol A.M.: Random Signals: Detection, Estimation and Data Analysis. John Wiley & Sons, New York, 1988.

Sorenson, H.W.: Parameter Estimation – Principles and Problems. Marcel Dekker, New York, Basel, 1980.

Wozencraft, J.M.: Principles of Communication Engineering. Wiley & Sons, New York, 1965.

7. SACHVERZEICHNIS